MONITOR
WIRTSCHAFTSKOMMUNIKATION

Verein zur Förderung der
Wirtschaftskommunikation e. V.

INHALT

Grußwort

Die Studie mit dem Titel „Monitor Wirtschaftskommunikation" wurde 2010 erstmalig durchgeführt, wobei 1.250 in Deutschland ansässige Unternehmen, die eine überdurchschnittliche Kommunikation betreiben, schriftlich befragt wurden. Im Rahmen des Deutschen Preises für Wirtschaftskommunikation führen der Verein zur Förderung der Wirtschaftskommunikation und die Hochschule für Technik und Wirtschaft (HTW) Berlin die Untersuchung gemeinsam durch. Seit dem erstmaligen Monitor unterstützt der Verein dieses Projekt, so dass sich Studenten intensiv mit der empirischen Erhebung auseinandersetzen können und Ihnen nun diese Informationen zum aktuellen Stand der Wirtschaftskommunikation vorliegen.

Die Studie befragt Kommunikationsverantwortliche kleiner, mittlerer und großer Unternehmen nach momentaner Situation, Trends und Zukunftseinschätzungen in der Wirtschaftskommunikation. Sie geht dabei vor allem auf die eingesetzten Kommunikationsinstrumente, die Mitarbeitersituation und den Bereich des Kommunikationscontrollings ein.

Der Verein zur Förderung der Wirtschaftskommunikation e. V. ist an der Hochschule für Technik und Wirtschaft (HTW) Berlin angesiedelt und eng mit dieser verbunden. Beide Partner schätzen eine moderne, interdisziplinäre und praxisorientierte Lehre und ergänzen sich gegenseitig. Der Verein wurde im Jahr 2000 in Berlin von Studenten gegründet und als gemeinnützig anerkannt. Seine 30 Mitglieder fördern ehrenamtlich die Wissenschaft, insbesondere die Wirtschaftskommunikation und deren Studenten.

Dabei hat sich der Verein insbesondere die Förderung der Wirtschaftskommunikation in Theorie und Praxis zum Ziel gesetzt. Wirtschaftskommunikation versteht sich dabei als ein breites, interdisziplinäres

Feld, zu dem u.a. Kommunikationsdisziplinen wie Öffentlichkeitsarbeit, Werbung oder Interne Kommunikation zählen.

Der Verein unterstützt den Austausch zwischen Wissenschaft und Wirtschaft und damit zwischen Theorie und Praxis, indem er gemeinsame Projekte mit Studenten und Unternehmen durchführt. Dabei können Studierende ihr Potenzial zeigen und Erfahrungen in der Praxis sammeln.
Ziel ist es, interessierte Studierende durch diesen Transfer praxisnah auszubilden und sie an Herausforderungen wachsen zu lassen. Neben der eigenverantwortlichen Verwirklichung von Projekten fördert der Verein auch externe Projekte, die die gleichen Ziele verfolgen.

Wir bedanken uns an dieser Stelle bei allen Professoren der HTW Berlin und allen Mitwirkenden dieses Monitors – ohne ihre Mitwirkung und ihr Engagement könnte diese wissenschaftlich fundierte und umfangreiche Arbeit nicht stattfinden.

Susann Röding

SUSANN RÖDING

Susann Röding arbeitete nach ihrer Ausbildung zur Mediengestalterin mehrere Jahre als Freelancerin in verschiedenen Print- und Web-Projekten. 2010 nahm sie weiterführend an der HTW Berlin das Studium der Wirtschaftskommunikation auf. Im Rahmen des Studiums begleitete sie darüber hinaus den 12. Deutschen Preis für Wirtschaftskommunikation als Projektkoordinatorin und engagiert sich im Vereinsvorstand für die Ziele des Vereins zur Förderung der Wirtschaftskommunikation. Nach erfolgreichem Abschluss des Bachelorstudiums absolviert sie jetzt das Triple-Master-Programm der interkulturellen Kommunikation an der Europa-Universität Viadrina.

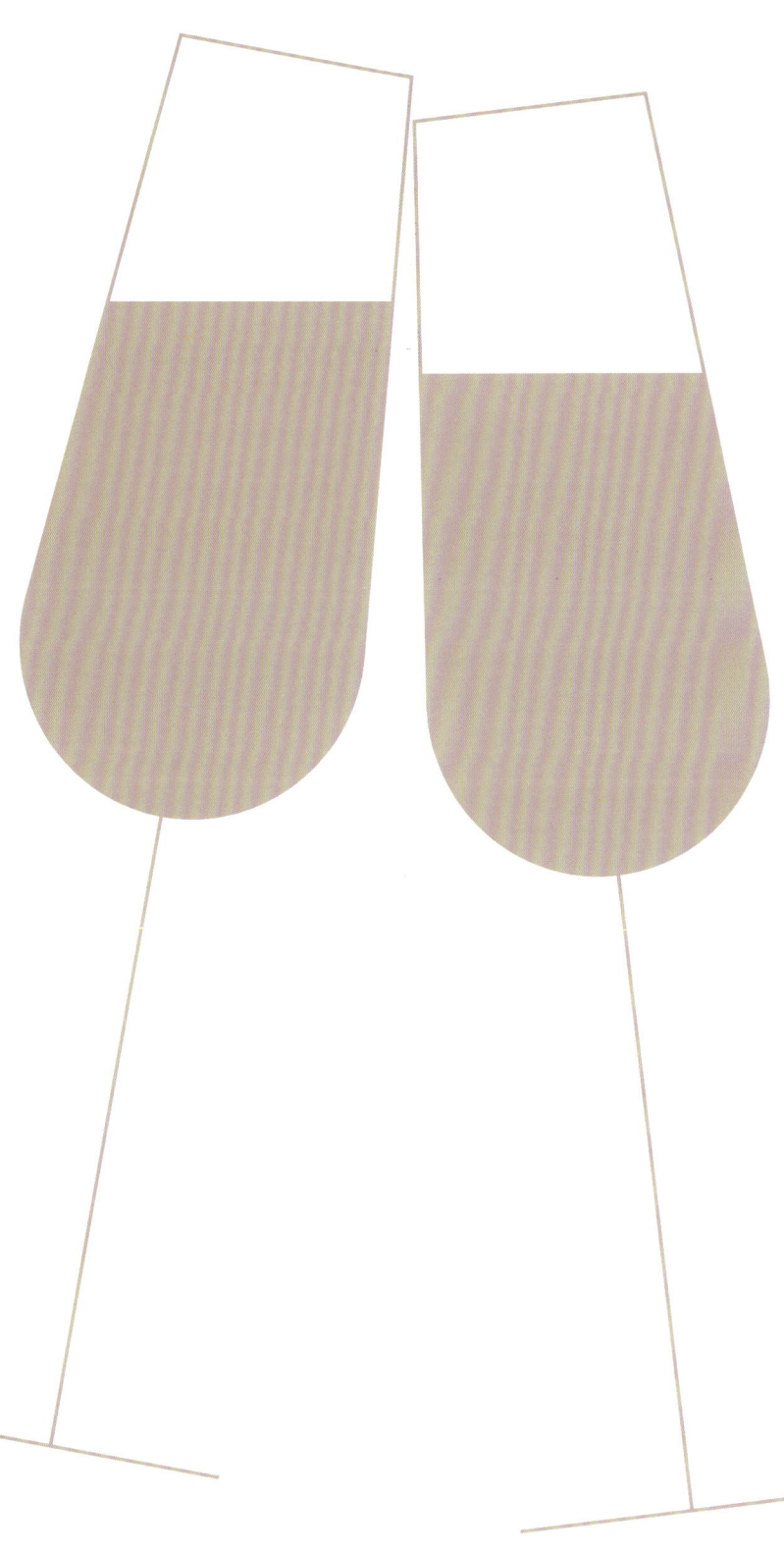

Grußwort

Seiner lateinischen Herkunft nach ist ein Monitor ein Berater, Warner und Mahner, seiner englischen Verwendung nach ein Aufseher bzw. als Werkzeug ein Computerbildschirm. Ein Monitor ermöglicht einen systematischen Überblick, insbesondere wenn man durch wiederholte, regelmäßige Übersichten Schlussfolgerungen aus dem Vergleich der Ergebnisse zu verschiedenen Zeitpunkten ziehen kann.

Der Monitor Wirtschaftskommunikation hat das Ziel, einen Überblick über das noch immer neue Fachgebiet der Wirtschaftskommunikation zu geben. Dazu gehört einiges. Kommunikation ist der integrale Kern jeder Wirtschaft und jeder Wertschöpfung als sozialer Tätigkeit. Wirtschaftskommunikation umfasst darum die Kommunikation in allen wirtschaftlichen Zusammenhängen, in Markt, Gesellschaft und nach innen, also die Kommunikation mit allen internen und externen Stakeholdern einschließlich der Kommunikation in Führung und Management.

Gerade die Kommunikation im Bereich der Mitarbeiter- und Unternehmensführung ist für den Unternehmenserfolg entscheidend wichtig. Besondere Herausforderungen ergeben sich hier durch die menschliche und soziale Vielfalt, seien es nationale oder fachlich-professionelle Kulturunterschiede oder Diversity-Dimensionen wie Alter oder Geschlecht. In unserer von verschiedenen Kulturen und Lebensentwürfen geprägten Gesellschaften kommt man ohne entsprechende Handlungskompetenzen nicht aus.
Diese Unterschiede und Gemeinsamkeiten gilt es sensibel wahrzunehmen und konzeptionell realisieren. Wenn man sie ignoriert - was sehr häufig geschieht -, ergeben sich oft kaum lösbare Probleme in der alltäglichen Zusammenarbeit. In der interkulturellen Wirtschaftskommunikation werden darum Strategien und Instrumente entwickelt,

mit Mitarbeitern, Partnern und Kunden so zu kommunizieren, dass der Erfolg gemeinsam erreicht werden kann.

Ein besonderer Schwerpunkt der Wirtschaftskommunikation ist natürlich die Kommunikationspolitik im Sinne des Marketings mit ihren verschiedenen Instrumenten und Ebenen. Besonders die Möglichkeiten der verschiedenen Kanäle und Ebenen des Internets und der Social Media bieten hier Möglichkeiten für gezielte, angepasste und wirkungsvolle Kommunikation. Andere Ansätze für effektivere und effizientere Kommunikation erbeben sich durch neue Erkenntnisse über die Wirkungsweise des Gehirns werden im neuronalen Marketing genutzt. Insgesamt einen Überblick aus mehreren Perspektiven, die die Facetten der Wirtschaftskommunikation deutlich machen.

Prof. Dr. Reinhold Roski

Prof. Dr. REINHOLD ROSKI

Prof. Roski studierte an der Georg-August-Universität Göttingen Mathematik mit dem Hauptfach Statistik und promovierte in Betriebswirtschaftslehre.

Er leitete zwölf Jahre lang im Gabler Verlag, einem Unternehmen der Bertelsmann-Gruppe, den Programmbereich Wissenschaft und war damit für eines der renommiertesten deutschsprachigen Fachverlagsprogramme mit verantwortlich.

Seit 2002 ist er Professor für Wirtschaftskommunikation mit den Schwerpunkten Marketing, Medienmanagement und Gesundheitskommunikation an der Hochschule für Technik und Wirtschaft Berlin (HTW Berlin).

Er engagiert sich in zahlreichen Projekten zum Thema Gesundheitskommunikation und ist Herausgeber der Zeitschrift „Monitor Versorgungsforschung" sowie des Buches „Zielgruppengerechte Gesundheitskommunikation: Akteure - Audience Segmentation - Anwendungsfelder" und Mitherausgeber des Handbuches Ecker/Preuß/Roski: „Handbuch Direktverträge: Nachhaltige Vertragsstrategien Gesundheitswesen".

Grußwort

Zum vierten Mal wurde im Jahr 2013 der Monitor Wirtschaftskommunikation durchgeführt. Erneut wurden fünf Kernthemen untersucht, die die Kommunikationsbranche in Wissenschaft und Praxis beschäftigen. Damit setzt der Monitor Wirtschaftskommunikation nicht zuletzt ein Zeichen in einer noch recht jungen Wissenschaftsdisziplin. Die Wirtschaftskommunikation versteht sich als interdisziplinäres Feld, in dem Perspektiven aus den Wirtschaftswissenschaften, den Kommunikationswissenschaften und dem Design zusammenkommen, um das Verhältnis des Systems Wirtschaft zu seinen relevanten Umwelten zu untersuchen. Dieses Beziehungsgeflecht ist in den letzten Jahren bedingt durch neue Medien, Internationalisierung, etc. ungleich vielschichtiger geworden und umso wichtiger ist es daher, adäquate Kommunikationslösungen zu finden.

Dabei rücken verstärkt Kommunikationsinstrumente wie Social Media oder Online-Marketing in den Fokus, wie auch die Zahlen des Monitor 2013 zeigen. Dienstleister wie Unternehmen müssen ein komplexes Feld von Zielgruppen und Kommunikationsangeboten überblicken und steuern, was die Erfolgskontrolle vor neue Herausforderungen, aber auch Chancen stellt. Längst reicht es nicht mehr, mit Presseclippings den Erfolg der Kommunikationsarbeit messen zu wollen, vielmehr werden Methoden wie die Reputationsmessung oder die Ermittlung des Markenwerts an Bedeutung gewinnen. Noch zählen Unternehmen Fans, Likes und Followers auf Facebook, dabei steht mittlerweile ein viel ausdifferenzierteres Messinstrumentarium zur Verfügung und wird auch vereinzelt schon genutzt.

Das Wissen um diese neuen Maßnahmen und Methoden grenzt daher auch den erfolgreichen Kommunikationsmanager ab. Entsprechend zählt das Fachwissen nach wie vor bei der Auswahl der Beschäftigten mehr als 86% und damit weitaus mehr als Noten oder Zusatzqualifikationen wie Auslandsaufenthalte. Berufserfahrung und damit die

Erfahrung aus Projekten spielt ebenfalls für mehr als die Hälfte der Befragten eine wesentliche Rolle bei der Einstellung. Entsprechend gut aufgestellt dürfen sich die Absolventen des Studiengangs Wirtschaftskommunikation wissen, die bereits im Studium an realen Projekten und Praxisfällen arbeiten.

Als Studiengangsleiterin freut es mich, dass der Monitor Wirtschaftskommunikation sich an unserer Hochschule so gut etabliert hat. Er sendet Signale in die Hochschule wie in die Wirtschaft und stellt uns vor spannende Aufgaben!

Prof. Dr. Stefanie Molthagen-Schnöring

Prof. Dr. STEFANIE MOLTHAGEN-SCHNÖRING

Stefanie Molthagen-Schnöring ist Professorin im Studiengang Wirtschaftskommunikation an der Hochschule für Technik und Wirtschaft (HTW) Berlin. Ihre Schwerpunkte in Forschung und Lehre sind Unternehmensrhetorik, Kommunikationsmanagement sowie Text- und Medienkonzeption.

Molthagen-Schnöring promovierte mit einer Arbeit zum Zusammenhang von Unternehmenskommunikation und -kultur an der Westfälischen Wilhelms-Universität Münster. Danach war sie in Kommunikationsberatungen in Hamburg und Berlin tätig.

MULTIKULTURELL AUSGERICHTETE UNTERNEHMENSFÜHRUNG UND DEREN EINFLUSS AUF UNTERNEHMENSERFOLGE

von Marie Antonia Bartning

Unternehmen in Deutschland stehen durch Einflüsse der Globalisierung, einer damit einhergehenden veränderten Arbeitsmarktsituation, einem zunehmenden Fachkräftemangel und gesellschaftlichen wie gesetzlichen Veränderungen vor neuen Herausforderungen, denen monokulturell ausgerichtete Personalpolitik nicht mehr gerecht werden kann. Auch die sich durch kulturelle Vermischung verändernden Zielgruppen können durch gezielte multikulturell ausgerichtete Kommunikation besser angesprochen werden.

Im Rahmen der wirtschaftlichen Globalisierung werden Unternehmen auf verschiedenen Ebenen zunehmend internationaler, denn zum einen führen unterschiedliche Arbeitsmarktbedingungen zu verstärkten Migrationsbewegungen, zum anderen erkennen Unternehmen die Vorteile einer internationalen Ausrichtung.[1] Durch die weltweite Verflechtung der Unternehmen breiten sich auch kulturelle Muster weltweit aus, und die individuellen Kulturen der einzelnen Regionen vermischen sich miteinander. Das führt zu einem verstärkten Standortwettbewerb, aber auch zu einer weltwirtschaftlichen Arbeitsteilung.[2] Somit verändern sich auch die Bedingungen für die Personalrekrutierung, die zunehmend internationaler wird. Unternehmen stehen also auch hier einer internationalen Konkurrenz gegenüber. Das führt teilweise zur erschwerten Bindung von Fach- und Führungskräften an das eigene Unternehmen.[3]
Deutschland steht, was Fachkräfte betrifft, zukünftig vor einem besonders großen Mangel. Die Bundesagentur für Arbeit gab an, dass bis 2030 ca. 5,2 Millionen Fachkräfte fehlen werden, was auf den demografischen Wandel zurückgeführt wird. Dieser Mangel kann nur kompensiert werden, wenn die Einwanderung nach Deutschland insbesondere für Hochqualifizierte noch attraktiver wird.[4]

„Traditionelle, monokulturelle Organisationen werden den Anforderungen der aktuellen und zukünftigen komplexen gesellschaftlichen, demografischen und wirtschaftlichen Umgebung nicht mehr gerecht."[5] Zur Multikulturalität gehören jedoch nicht nur international agierende Konzerne, sondern auch die Zusammensetzung der Mitarbeiterschaft mit Personen unterschiedlicher ethnischer Herkunft, Religion und Weltanschauung innerhalb von Unternehmen an einem Standort. Durch die Internationalisierung verstärkt sich der Wettbewerb, dem die Unternehmen ausgesetzt sind. Somit steigen die Anforderungen an die Unternehmensführung, ihr Unternehmen durch besondere Leistung herauszustellen.[6]
Die Internationalisierung und Multikulturalität von Unternehmen und die damit steigenden Erwartungen an interkulturelle Kommunikation und Kompetenz fordern neue Konzepte für das Management, die Personalführung und Unternehmenskommunikation und -führung. In multikulturellen Unternehmen entsteht die Frage, wie die organisatorischen und individuellen Rahmenbedingungen gestaltet werden müssen, um in diesen die Potenziale kulturell vielfältig zusammengesetzter Teams zielführend zu nutzen.[7]

Dieser Text bezieht sich schwerpunktmäßig auf gewinnorientierte deutsche Unternehmen mit deutscher Leitkultur. Es sind sowohl international agierende Unternehmen als auch nur national agierende Unternehmen gemeint, solange sie ihren Hauptstandort in Deutschland haben, denn es geht primär um die Aspekte von Multikulturalität innerhalb der Unternehmen am deutschen Standort. Die meisten Themen lassen sich auch auf nicht gewinnorientierte Organisationen übertragen. Da für diese betriebswirtschaftliche Faktoren eine andere Rolle spielen und sie durch ihre eigene inhaltliche Ausrichtung zum Teil von vornherein stärker dazu gezwungen sind, kulturelle Vielfalt bzw. Diversität zu fördern, bestehen bei gemeinnützigen Organisationen andere Motivationen und Voraussetzungen, was sich auch auf die Anwendung der hier vorgestellten Instrumente etc. auswirken kann.
Für die Wirtschaftskommunikation ist die Untersuchung von

Multikulturaliät ein besonders bedeutsames Feld, da sie für Unternehmen sowohl Herausforderungen als auch Chancen beinhaltet. Durch richtiges Management „birgt Vielfalt erhebliches Potenzial".[8] Denn ein zentrales Element in der Vermittlung interkultureller Kompetenz ist eine geeignete Kommunikation. Um den Zusammenhang zwischen Interkulturalität und dem Streben nach Wirtschaftlichkeit herzustellen, kann Wirtschaftskommunikation eine Schlüsselposition einnehmen. „Je stärker [und zielgerichteter] die Penetration durch Kommunikation ist, umso eher wird Diversity ein Teil unserer täglichen Welt werden."[9]

I. Besonderheiten multikulturell geprägter Unternehmen

Den Mitarbeiter/innen monokulturell geprägter Unternehmen können, von den Grundlagen her, gemeinsame Wertevorstellungen unterstellt werden. Das Kommunikationsverhalten und die Interaktion untereinander sowie mit Vorgesetzten verläuft nach intern allgemein akzeptierten Richtlinien, die von der Kultur und der jeweiligen Sozialisation geprägt sind.[10] In Teams, in denen lediglich eine Person eine andere Kultur vertritt, findet in der Regel nur die Kultur der vorherrschend vertretenen Gruppe Beachtung. Daher kann, je nach Teamgröße, erst bei mehr als einer Person bzw. einem spürbaren Anteil an Personen mit anderem kulturellem Hintergrund von einer deutlich multikulturellen, inhomogenen Zusammensetzung gesprochen werden.[11]
Ausnahmen können entstehen, wenn eine Person mit anderer kultureller Prägung in der Rangordnung weit über den anderen Gruppenmitgliedern steht, was eine Anpassung der Mehrheit an die Minderheit zur Folge haben könnte.

Multikulturell geprägte Unternehmen setzen sich aus einem Mitarbeiterstamm zusammen, dessen kulturell manifestiertes Wertegerüst divers ist und dadurch hohes Konfliktpotenzial, aber auch viele positive Chancen birgt. In der theoretischen Beschreibung gibt es verschiedene Ebenen, auf denen diese Kulturunterschiede erläutert werden. Die erste Ebene umfasst die sichtbarsten Aspekte von Kultur. Dazu gehören, bezogen auf das Verhalten von Menschen, die Verschiedenheiten von Ritualen und Dresscodes, unterschiedliche Arten, Kontakte zu pflegen und Verträge abzuschließen, Essgewohnheiten und vieles mehr. Zur zweiten Ebene gehören die Normen- und Wertevorstellungen, und die dritte Ebene beinhaltet „grundlegende Annahmen und Standardisierungen"[12], also Erwartungen und Deutungsmuster. Diese Ebene ist am schwersten sichtbar zu machen.[13]
Es wird auch von sogenannten Kulturstandards ausgegangen, also „Arten des Wahrnehmens, Denkens, Wertens und Handelns, die von der Mehrzahl der Mitglieder einer bestimmten Kultur für sich und andere als normal, typisch und verbindlich angesehen werden. Eigenes und fremdes Verhalten wird auf Basis dieser Kulturstandards beurteilt und reguliert".[14] Daraus lässt sich schließen, dass monokulturell zusammengesetzte Arbeitsgruppen den Vorteil gemeinsamer Kulturstandards haben. Sie verfügen über einen erheblichen Zeitvorteil, da sie sich nicht erst auf gemeinsame Verhaltensmaßstäbe und Kommunikationsstandards einigen müssen. Das Risiko von Missverständnissen, durch unterschiedliche Decodierungsschemata für verbale und nonverbale Kommunikationssignale, ist geringer.[15]
In multikulturellen Teams hingegen gibt es diese gemeinsamen Voraussetzungen nicht oder nur begrenzt. Hinzu kommen sogenannte Nationalstereotype, durch die das Verhalten von Menschen fremder Kulturen auf Basis der Normen der eigenen Kultur bewertet wird. Das fördert die Bildung von Vorurteilen gegenüber anderen Mitarbeiter/innen, die wiederum Konflikte innerhalb der Gruppen hervorrufen können. Beispielsweise sprechen Nichtdeutsche den Deutschen vor allem folgende Kulturstereotype zu: Sachlichkeit, Ordnung, Struktur, Gründlichkeit, Pflichtbewusstsein, Regeln und direkte Kommunikation.[16]

Selbst Gefühle sind durch die individuelle Sozialisation geprägt und äußern sich in unterschiedlichen verbalen und nonverbalen Ausdrucksweisen.[17]

Mitarbeiter/innen anderer Nationalitäten stehen zudem vor vielen weiteren Herausforderungen, wie z.B. Verständigungsproblemen, dem Einleben in ein neues Land, in eine fremde Infrastruktur, Anpassungsproblemen der Familie, anderen Arbeitszeiten, unterschiedlichem Führungsverhalten von Vorgesetzten und vielen mehr. Diese Schwierigkeiten können, wenn sie nicht ohnehin schon unmittelbar mit dem Berufsalltag in Verbindung stehen, zumindest einen zusätzlichen Einfluss auf die Leistungsfähigkeit der Mitarbeiter/innen haben. Auch verläuft die Motivation von Mitarbeiter/innen je nach Kultur oftmals sehr unterschiedlich.[18] Kulturunterschiede lassen sich demnach in viele verschiedene Bereiche untergliedern. Mögliche Klassifizierungen sind z.B. Zeitorientierung, Geschlechterverständnis, Individualitätsverständnis, Machtverhältnisse, Informationsgeschwindigkeit oder Naturverständnis.[19]

Zusammenfassend lassen sich, bezogen auf Arbeitsgruppen, hauptsächlich in folgenden Bereichen Unterschiede zwischen den einzelnen kulturell unterschiedlich geprägten Mitgliedern in Gruppenarbeiten feststellen: Autoritätsverständnis und Akzeptanz von Hierarchiestrukturen, Motivation, Zielorientierung, Konfliktlösung und Umgang mit Emotionen und Zeit.[20]

Bei dem Versuch, die deutsche Kultur zu erfassen, sind einige sich ähnelnde Beschreibungen zu finden. Nach deren Auffassung ist die deutsche Kultur geprägt durch Individualismus, eine aufgabenorientierte Lebens- und Arbeitsweise, Universalismus z.B. bezüglich der Gleichheit vor dem Gesetz, Statusorientierung in der interpersonellen Interaktion, direkte Kommunikation mit geringem Kontextbezug und sehr hohe Zeitorientierung mit ausgeprägtem Streben nach Sicherheit. Außerdem wird von Deutschen allgemein eine niedrige Informationsgeschwindigkeit und eine niedrige Machtdistanz bevorzugt.[21]

Überwiegend homogenen Mitarbeiterstäben wird nachgesagt, eher unflexibel, unkreativ und lerngehemmt zu sein. Das Gegenteil wird über multikulturelle Teams gesagt.[22] Doch um dieses Potenzial auszuschöpfen, müssen einige Hürden überwunden werden.

Herausforderungen für die Unternehmen

Multikulturell geprägte Unternehmen stehen vor vielen Herausforderungen, die, wenn sie falsch angegangen oder deren Gefahren missachtet werden, zu hohen betriebswirtschaftlichen Kosten führen können. Zu den möglichen Folgen zählen z.B. Marktanteilsverluste durch mangelnde Konkurrenzfähigkeit auf internationalen oder kulturell vielfältig geprägten Märkten oder Einheitsdenken innerhalb der Organisation. Das kann die Entwicklung und Innovationen hemmen, da die Potenziale der kulturellen Unterschiede der Mitarbeiter/innen nicht genutzt werden, wenn z.B. das Vorschlagswesen zu gering ausgebaut ist. Außerdem schränkt Demotivation, z.B. durch Kommunikationsschwierigkeiten oder Mobbing, die Leistungsbereitschaft ein und verstärkt die Fluktuation von Mitarbeiter/innen.

Die oben bereits erwähnten kulturbedingten Unterschiede der Mitarbeiter/innen müssen koordiniert und die Beteiligten dafür sensibilisiert werden. Somit erhält Personalmanagement eine neue bedeutsame Rolle, denn „diversitätsbewusstes Personalmanagement ist das wichtigste Element" um organisationsintern Diversität zu managen.[23]

Es existieren verschiedene Ansätze zum Umgang mit kultureller Vielfalt. Das Konzept der interkulturellen Kompetenz weicht von den Anforderungen und Zielen her kaum vom Konzept des Diversity Management ab. Interkulturelle Kompetenz beschreibt ebenfalls die Fähigkeit, interkulturelle Interaktion als normal anzusehen und Kohäsion, also Akzeptanz verschiedener kultureller Ausrichtungen, zu erzeugen.[24] Jedoch liefert das sogenannte Diversity Management umfassendere Handlungsempfehlungen.

Zu beachten ist, dass es keinen universell anwendbaren und schnellen Weg gibt, um die vielen Unterschiede zu überbrücken und ein erfolgreiches Arbeitsklima herzustellen. Vielmehr müssen die Beteiligten lernen, mit den vielfältigen Verhaltensweisen zu leben und Individualität zu akzeptieren und wertzuschätzen. Es ist weder möglich noch sinnvoll, allen Mitarbeiter/innen eine gemeinsame Kultur aufzuzwingen.[25] Eine bewusst geleitete Unternehmenskultur kann aber dazu beitragen, die Identifikation mit dem Unternehmen zu erleichtern, den Individuen gemeinsame Werte und Ziele zu vermitteln[26] und einen spürbaren Beitrag zur Verhaltensprägung zu leisten.[27] Denn „der gemeinsame Nenner für das tägliche Handeln der Mitarbeiter/innen können in hohem Maße definierte Werte des Unternehmens sein, die für alle Gültigkeit haben".[28]

Diversity Management als Konzept in der Unternehmensführung

Um den Herausforderungen multikulturell geprägter Unternehmen entgegenzutreten, ist das Diversity Management eine inzwischen relativ bekannte Methode. Wichtige Komponenten dafür sind eine aufeinander abgestimmte Personalführung, -strukturierung, -entwicklung sowie -rekrutierung.[29]

Das Diversity-Management-Konzept wurde in den 1960er Jahren in den USA aus der Multikulturalismusdebatte heraus entwickelt und wird inzwischen auch in Europa vielfach angewendet.[30] Wenn beim Diversity Management, wie hier, der Schwerpunkt auf die Kultur gelegt wird, kann es auch als Cultural Diversity Management bezeichnet werden. Cultural Diversity Management funktioniert nur, wenn alle Beteiligten über ausreichend interkulturelle Kompetenz verfügen. Unter interkultureller Kompetenz wird ein hohes „kulturelles Selbst- und Fremdbewusstsein"[31] verstanden. „Allerdings ist Deutschland in dieser Hinsicht fast noch ein Entwicklungsland."[32]

Im Rahmen von Diversity Management sollen verschiedene Instrumente und Maßnahmen dazu beitragen, die Wahrnehmung von Diversität, Verständnis für Unterschiede von Menschen, Wertschätzung dieser Unterschiede und Sensibilität für den Umgang miteinander auszubilden. Dazu gehört die Förderung von Vielfalt und deren erfolgreiches Management in Organisationen. Es soll aktiv auf den gesellschaftlichen Wandel in Richtung mehr Vielfalt reagiert und mittels des Managementkonzeptes Orientierungshilfe angeboten werden. Das Ziel der Maßnahmen ist, durch bessere Bedingungen für die Beschäftigten eine höhere Motivation und Leistungsbereitschaft zu erzielen. Dadurch können sich die Mitarbeiter/innen besser weiterentwickeln und ihr Potenzial entfalten.[33] Auch die Bereiche Sprachkompetenz und langfristige Zeiteffizienz durch Verkürzung der Eingewöhnungsphase sowie weitere Aspekte können miteinbezogen werden.[34]

Zu den Anspruchsgruppen von Diversity Management gehören alle Menschen unabhängig von ihrer kulturellen Prägung, Religion, Nationalität, Geschlecht, sexuellen Orientierung, ihrem Alter und jeglicher Behinderung. Es geht also weder darum, nur Bevölkerungsmehrheiten anzusprechen, noch darum, nur auf Minderheiten einzugehen, sondern alle sollen entsprechend ihrer individuellen Fähigkeiten gefördert werden, um dadurch die Akzeptanz von Vielfalt zu verbessern. „Das Diversity Management behandelt die Gesamtheit der Mitarbeiter, die sich sowohl aus ihren Unterschieden als auch aus ihren Gemeinsamkeiten ergibt."[35]

Wie auch das Gesetz zur Gleichbehandlung in der EU fordert, soll Diversity Management allen Menschen gleiche Chancen bei der beruflichen und persönlichen Weiterbildung ermöglichen.[36] Global betrachtet ist das natürlich ein sehr hochgestecktes Ziel, und auch Deutschland ist noch weit davon entfernt, diesem Anspruch gerecht zu werden.

Diversity Management kommt dem Unternehmen, den Mitarbeiter/innen und Kund/innen zugute.[37] Denn ein Ziel von Diversity Management ist es, nicht nur die Mitarbeiterzufriedenheit zu erhöhen, sondern auch Kunden unterschiedlicher kultureller Prägung besser ansprechen zu können, z.B. durch spezifische Produkte und angepasste Kommunikation, um damit neue Märkte zu erschließen oder die eigene Marktposition zu stärken.[38] Außerdem sollen neben Unternehmenswerten auch organisationsexterne Gesellschaftsnormen und Erwartungen von Stakeholdern erfüllt werden.[39]

In dieser Unternehmensstrategie wird Diversität als Ressource und nicht als Problem betrachtet.[40] Darin enthalten sind Strategien, mit deren Hilfe Organisationen die Vielfalt in ihren Unternehmen erkennen und die Vorteile der Mitarbeiter/innen sowie Kund/innen nutzen können. „Dies führt, das zeigen Erfahrungen, häufig zu Win-Win-Situationen."[41]

Instrumente des Diversity Managements

Es gibt verschiedene Auffassungen darüber, mit welchen Instrumenten und Maßnahmen Diversität im Unternehmen koordiniert werden sollte. Beispielhaft werden hier einige mögliche Maßnahmen erläutert, um ein besseres Verständnis für den großen Umfang an Möglichkeiten innerhalb von Diversity Management zu erhalten.

Der Auswahl der geeigneten Maßnahmen geht die Analyse des eigenen Unternehmens in Hinblick auf Vielfalt, Gleichberechtigung und weitere Faktoren voraus. Diese Analyse basiert meist auf der Anzahl vertretener Kulturen, Ethnien, Altersgruppen, Sprachen und Menschen mit Behinderung auf den verschiedenen Hierarchieebenen sowie der Geschlechterverteilung. Weitere wichtige Fragen sind, wie hoch der Krankenstand und die Fluktuation von Mitarbeiter/innen ist und ob bestimmte Gruppen davon mehr betroffen sind als andere. „Diese Indikatoren dienen auch als Gradmesser für die Zufriedenheit."[42] Auch die Frage nach Deutschkenntnissen, dem Zugang zu Schulungen sowie möglichen Problemen im Arbeitsalltag spielt im Rahmen der Mitarbeiterbefragung eine Rolle. In einem weiteren Analyseverfahren können Teams unterschiedlich zusammengesetzt werden, um herauszufinden, welchen Einfluss Homogenität bzw. Heterogenität auf die Gruppendynamik hat und wann Teams produktiver sind. Je nach Ergebnis der Analyse wird entschieden, ob und wenn ja, welche Maßnahmen ergriffen werden.[43]

Zu dem Maßnahmenkatalog gehören Diversity Trainings oder Workshops für Führungskräfte und Mitarbeiter/innen, Familienförderprogramme, Altersmanagement, Mentoring, Mediation, Herstellen von Barrierefreiheit im Berufsalltag und vieles mehr.[44] Einige der genannten Maßnahmen spielen, wenn es nur um das Cultural Diversity Management geht, eine untergeordnete oder keine Rolle. Dafür werden andere Themen wichtiger, wie zum Beispiel Sprachkurse, denn „da ohne Kommunikation keine Integration möglich ist, sind Angebote zum Erlernen der deutschen Sprache besonders wichtig".[45]

Diversity Workshops haben, je nach Ausrichtung, unterschiedliche Hauptziele. Zum Beispiel zielen Awareness Workshops darauf ab, Bewusstsein über das eigene Erleben und Verständnis von Vielfalt zu schaffen und zu lernen, die Perspektive zu wechseln. Skill Workshops sollen dazu dienen, konkrete Fähigkeiten für die besonderen Anforderungen der Arbeit in heterogenen Teams zu erwerben.[46] Dabei gilt es zu lernen, wie kulturelle und andere Unterschiede kreativitätsfördernd genutzt werden können.[47] Interkulturelle Mediation hingegen ist eine Maßnahme, die nur in Ausnahmefällen, also Konfliktsituationen, eingesetzt werden kann. Da sie erst greift, wenn der Konflikt bereits ausgebrochen ist, lässt sie sich nicht strategisch-präventiv, sondern nur operativ-reaktiv einsetzen[48] und verursacht erhebliche Kosten, die dem tatsächlichen Nutzen oft unterliegen.[49] Letztendlich ist zu beachten, dass weder von präventiven noch reaktiven Maßnahmen zum Verhalten in interkulturellen Arbeitsgruppen erwartet werden kann, dass sie Probleme oder Konflikte vollständig zu vermeiden helfen.[50]

Ein weiteres Beispiel für ein bewährtes Instrument sind Richtlinien, sogenannte Codes of Conduct. Sie fassen ein gemeinsames Wertegerüst eines Unternehmens zusammen und dienen als Handlungsrichtlinie, z.B. im Fall von Konflikten, aber auch im Betriebsalltag, um von vornherein das Konfliktpotenzial zu verringern.[51] Oftmals stehen sie in Verbindung mit der Unternehmenskultur[52] und können sich positiv auf das Betriebsklima und die Mitarbeiterzufriedenheit auswirken. Auch nach außen hin kann die Kommunikation gemeinsamer Werte positive Auswirkungen haben, beispielsweise kann das Ansehen des Unternehmens bei den Stakeholdern und in der Gesellschaft verbessert werden.[53]

In Deutschland haben Unternehmen zudem die Möglichkeit, sich durch das Unterzeichnen der „Charta der Vielfalt" – einer im Jahr 2006 von mehreren Unternehmen gegründeten Unternehmensinitiative – anzuschließen, die sich „die Förderung von Vielfalt in Unternehmen" zur Aufgabe gemacht hat.[54] Durch verschiedene „Projekte soll die inhaltliche Diskussion zu Diversity Management in Deutschland voran[gebracht]" werden.[55] Auch in anderen Ländern, wie zum Beispiel Österreich und Frankreich, gibt es ähnliche Initiativen.[56] Die „Charta der Vielfalt" wurde nach dem französischem Vorbild, der „Charte de la diversité", gestaltet.[57] Zu den Gründungsunternehmen gehören u.a. Daimler, die Deutsche Bank und die Deutsche Telekom. Laut Charta

können Unternehmen wirtschaftlich nur erfolgreich sein, wenn sie „die vorhandene Vielfalt erkennen und nutzen".[58] Inzwischen haben 1470 Unternehmen die Selbstverpflichtung unterzeichnet (Stand: Mai 2013).[59]

Eine der wichtigsten Voraussetzungen für erfolgreiches Diversity Management ist die Verankerung der Werte und die Umsetzung von Maßnahmen in allen Aktivitäten und Unternehmensstrategien einer Organisation. Dabei muss die Gleichbehandlung und kulturelle Vielfalt möglichst auf allen Hierarchieebenen gefördert werden. Entscheidend für den Erfolg einer solchen unternehmensweiten Implementierung ist eine gelungene Kommunikation, in der auch die Vorteile und Schwierigkeiten vermittelt werden.[60] Es muss also eine Verbindung zwischen dem Diversity Management und dem strategischen Management hergestellt werden. Daher wird auch oft von strategischem Diversity Management gesprochen. Die Diversity-Ziele müssen dafür genauso in den Gesamtzielen des Unternehmens verankert werden wie andere Ansprüche an Werte und Normen, wie sie ggf. in einer Unternehmensagenda festgehalten werden. Die Umsetzung gehört zum Aufgabenbereich der Unternehmensführung in enger Zusammenarbeit mit der Personalabteilung.[61]

Erfolgskontrolle von Diversity Management

Trotz der häufig als erfolgreich wahrgenommenen Umsetzung von Strategien des Diversity Managements, mangelt es in der Regel an aussagekräftiger Erfolgskontrolle und betriebswirtschaftlicher Messung. Ohne Evaluation lässt sich aber nur begrenzt sagen, ob sich die Investition in derartige Fördermaßnahmen mit einer Gewinnabsicht lohnt. Daher ist ein mögliches Instrument zur Erfassung des Return on Investmenst (RoI) für Diversity-Maßnahmen die sogenannte Diversity Balanced Scorecard, mit deren Hilfe Ziele, Kennzahlen und

Maßnahmen aus den strategischen Vorgaben der Unternehmensführung abgeleitet werden können. Aspekte der Balanced Scorecard sind in diesem Zusammenhang die Produktvielfalt, Produktivität, Kundenorientierung, Innovationskompetenz und Motivation bzw. Zufriedenheit der Mitarbeiter/innen. Um den RoI berechnen zu können, „muss eine vielschichtige Ursache-Wirkungs-Kette beachtet werden"[62], da nicht linear geschlussfolgert werden kann, dass z.B. aus Diversity Trainings eine bessere Produktivität folgt. Zur Berechnung des RoI können auch Befragungen, nach Anlauf der Maßnahmen, einer ausreichend großen Anzahl von Mitarbeiter/innen und Führungskräften des Unternehmens dienen.[63]

Entscheidend für eine aussagekräftige Erfolgskontrolle ist, dass die Ziele und Maßnahmen so klar wie möglich formuliert werden. Zudem muss bedacht werden, dass erst ein kontinuierlicher Verbesserungsprozess, mit begleitender Evaluation, langfristige Erfolge bringen kann. Weitere Kriterien für die Evaluation können zum Beispiel die möglichen Veränderungen der Krankenstandsraten und Fluktuationsdaten sein, die im Personalcontrolling gemessen werden. Diese Zahlen lassen sich bei Betrachtung des Zustands vor und nach Einsetzen der Maßnahmen vergleichen. Aus den Evaluationsergebnissen lassen sich wiederum zukünftige Maßnahmen des Diversity Managements konzipieren. Durch die regelmäßige und dialogische Ausarbeitung und Evaluation der Maßnahmen kann erreicht werden, dass die Ziele von der Unternehmensführung und den Mitarbeiter/innen gemeinsam getragen werden.[64]

Kritik am Konzept Diversity Management

Ein Hauptkritikpunkt am Konzept des Diversity Managements ist, dass es sich nicht eins zu eins von den USA auf deutsche Unternehmen übertragen lässt.[65] Zudem existieren viele verschiedene Definitionen des Konzeptes, die sich zum Teil stark voneinander unterscheiden. Damit hängt auch die generelle Problematik zusammen, dass kein Konzept universell auf alle Unternehmen angewendet werden kann, weder in den USA, noch in Deutschland.[66] Somit entsteht, wenn Diversity Management erfolgreich sein soll, ein hoher Arbeits- und Zeitaufwand für die individuelle Anpassung und Abstimmung an die unternehmenseigenen Gegebenheiten. Auch reicht es nicht aus, dass die Mitarbeiter sich der Vielfalt bewusst sind und diese akzeptieren, sie müssen sie selbst als Lernchance ansehen.[67]

Bei falschem Vorgehen besteht die Gefahr, dass durch das bewusste Betonen der Unterschiede Diskriminierung entsteht, wenn sich Personen anderer kultureller Herkunft öffentlich vorgeführt fühlen. Für gelungene Integration ist es wichtig, dass sie unauffällig bleibt. Das kann als Widerspruch zu dem offensiven Ansatz von Diversity Management verstanden werden.[68]

Auch die Erfolgskontrolle von Diversity Management sollte kritisch hinterfragt werden, denn es ist fraglich, ob sich die Auswirkungen solcher zum Teil weichen Faktoren überhaupt eindeutig messen lassen. In der Regel steht kein echtes Vergleichssystem zur Verfügung, und Vorjahreszahlen, die durch zahlreiche Faktoren beeinflusst wurden, können nur bedingt als Vergleich dienen. Abgesehen davon ist es ethisch fragwürdig, Themen, bei denen es um Kultur und Menschenwürde geht, an einem Return of Investment zu messen.

Über das Diversity Management hinaus gibt es einige weitere, umfassendere Modelle für interkulturelle Unternehmensführung. Die zwei bekanntesten werden entsprechend ihrer inhaltlichen Anlehnung an das US-amerikanische System Modell A bzw. an das japanische Führungssystem Modell J genannt. In diesen Modellen wird unter anderem auch auf die Rolle der Unternehmensführung für das betriebsinterne Wertesystem und Personalwesen eingegangen.[69] Diese Modelle sind jedoch wesentlich umfassender als das Diversity Management. In den USA existieren, historisch bedingt, weitere Ansätze zum Umgang mit kultureller Vielfalt, auf die hier nicht weiter eingegangen werden kann.[70]

II. Einfluss von Multikulturalität auf den Unternehmenserfolg

Einige Aspekte von interkultureller Kompetenz und Diversity-Forschung sind eng mit der Teamforschung verbunden.[71] Teamarbeit im Allgemeinen hat den Vorteil, dass die komplementären Qualifikationen der Beteiligten und die daraus resultierende Kombination von Wissen und Fähigkeiten einen positiven Einfluss auf die Wertschöpfung haben können. Bei multikulturellen Gruppenzusammensetzungen wird diese Diversität von Qualifikationen und Talenten noch stärker erzeugt. Eine Voraussetzung für die erfolgreiche Nutzung dieses Vorteils ist allerdings, dass von den Mitarbeiter/innen gleiche Leistungsziele verfolgt werden und ein gleiches Verständnis über das Arbeitsergebnis existiert.[72] Zu beachten ist, dass es immer Unterschiede je nach Ausprägung der Teamarbeit gibt. Nachfolgend wird überwiegend von Arbeitsgruppen ausgegangen, die gehobene Tätigkeiten verrichten, auch wenn einige Aspekte für Arbeitnehmer/innen mit einfachen Hilfstätigkeiten ebenfalls zutreffen.

Der kulturelle Aspekt und die daraus resultierenden verschiedenen Erfahrungen und Einstellungen beeinflussen zum Beispiel den unterschiedlichen Umgang mit Problemen und deren Lösung.[73] Damit das unterschiedliche Wissen und die Meinungen auch von allen Mitgliedern eingebracht werden, ist die Zusammenarbeit über einen längeren Zeitraum sinnvoll. In diesem kann, ggf. mittels gruppenfördernder

Maßnahmen, Vertrauen und Wertschätzung innerhalb der inhomogenen Gruppe aufgebaut werden. Einige dieser Maßnahmen wurden bereits im Absatz zum Diversity Management beschrieben.

In einer Umfrage unter 78 deutschen Firmen zum Thema Chancen und Vorteile von Diversity Management gaben 85 Prozent der Befragten an, dass es Vorteile für die Personalrekrutierung und -bindung gebe. Am zweithäufigsten wurde das Potenzial für Kreativität und Innovation genannt, dicht gefolgt von Vorteilen für die Mitarbeiterzufriedenheit und damit Produktivität der Mitarbeiter/innen. Allerdings sahen nur 14 Prozent der Befragten die Chance, durch Diversity Management Kosten zu sparen.[74]
Internationale Personalrekrutierung wurde in einer anderen Umfrage unter 170 Personalmanager/innen von 68,2 Prozent als schwieriger eingestuft als nationale Rekrutierung. Auch die Kosten seien höher, und die Integration ausländischer Angestellter wurde von über 50 Prozent der Befragten als große Herausforderung angesehen. Allerdings gingen auch über 60 Prozent davon aus, dass durch interkulturelle Kompetenz das Geschäft verbessert würde. Jedoch sahen nur 38,2 Prozent in der internationalen Personalrekrutierung eine Erleichterung für die Unternehmensentwicklung.[75]

Schwächen und Risiken für die Unternehmen

In multikulturell geprägten Unternehmen können auf vielen Ebenen Konflikte entstehen, die sich nachteilig auf den Unternehmenserfolg auswirken können. Beispielsweise erhöht sich durch Mitarbeiterunzufriedenheit, die unter anderem durch kulturelle Differenzen entstehen kann, die Fluktuation des Mitarbeiterstabs in Unternehmen. Das führt zu erheblichen Kosten für das Unternehmen.[76] Auch kann es zum Teil länger dauern, bis die jeweiligen Ziele, z.B. zuvor festgelegte

Ziele innerhalb eines Projektteams, erreicht werden, da die kulturellen Unterschiede insbesondere in Anfangsphasen von Projekten oder Arbeitsteams einen höheren Zeitaufwand erfordern. Der Misserfolg von Diversity-Maßnahmen kann zum Teil auch auf vorschnelle Erfolgserwartungen oder mangelnde Integration in alle Unternehmensbereiche zurückgeführt werden.[77]

Die durch kulturelle Unterschiede entstehenden Konflikte liegen meist in Unterschieden begründet, die nicht offensichtlich erkennbar sind. Alle Partner einer Interaktion versuchen in der Regel, das eigene Verhalten „nach dem ihnen vertrauten Orientierungssystem zu regulieren".[78] Zum Beispiel kann es durch Fehldeutungen fremden Verhaltens zu Missverständnissen oder Verunsicherung kommen, was wiederum Konflikte auslösen kann. Eine mögliche Ursache dafür ist, dass die einzelnen Akteure zu wenig über ihre eigenen Verhaltensweisen, Werte und Normen wissen. Sie mögen zwar über die fremde Kultur informiert sein, nicht aber darüber, wie sie selbst auf diese wirken und was ihr Verhalten bei ihrem Gegenüber auslösen kann.[79]

Auch die unterschiedlichen Formen der Gesprächsführung können in Gruppenarbeitssituationen kontraproduktiv wirken. So bevorzugen Menschen je nach Kultur eher sequentielle, simultane oder unterbrechende Kommunikation. Es können also Konflikte entstehen, wenn zum Beispiel ein Deutscher/eine Deutsche mit einem Brasilianer/einer Brasilianerin spricht. Er/Sie würde dabei die für Deutsche typische sequentielle Kommunikation verfolgen, bei der man sich gegenseitig ausreden lässt, und die simultane Kommunikation des Brasilianers/der Brasilianerin als unhöflich empfinden, da er/sie sich von der anderen Person permanent unterbrochen fühlte. Für Menschen der simultanen Kommunikation ist das aber lediglich ein beziehungsorientierter, kreativer Sprachstil, der nicht unbedingt unhöflich gemeint ist.[80]
Der Umgang mit den im Unternehmen vertretenen Sprachen kann

ebenfalls von Bedeutung sein. So stellt sich die Frage, ob im Unternehmen nur Deutsch gesprochen werden darf, damit alle das Gesagte verstehen, oder ob ausländische Mitarbeiter/innen untereinander auch ihre eigenen Sprachen sprechen dürfen. Derartige Reglementierungen können wiederum Konflikte und Unzufriedenheit hervorrufen.[81]
Haben fremdsprachige Mitarbeiter/innen zudem Sprachschwierigkeiten in der Arbeitssprache, kann das dazu führen, dass ihre Fachkompetenz geringer eingeschätzt wird und sie nicht im fachlich angemessenen Rahmen gefordert werden. Das erzeugt ggf. Frustrationen bei unterforderten Mitarbeitern und bei Vorgesetzten, die ursprünglich vom sachlich beschriebenen Qualifikationsprofil ausgingen. Dies kann außerdem nachteilig für die jeweilige Person und ihre Aufstiegschancen sein, aber auch dazu führen, dass er oder sie in Arbeitsgruppen nicht ausreichend wahrgenommen wird, wodurch wertvolle Beiträge verlorengehen können. An Muttersprachler/innen erhöht sich dabei die Anforderung deutlich, verständlich und ggf. langsamer zu sprechen. Dies verlangsamt wiederum die Kommunikations- und Arbeitsprozesse, was zu Demotivation auf beiden Seiten führen kann.[82]

Im Extremfall bilden sich innerhalb des Unternehmens verschiedene nationale Lager, was die Personalführung erschwert und Arbeitsergebnisse verschlechtern kann. Ein Einflussfaktor auf die Aufspaltung in nationale Lager ist der Grad der Unterschiedlichkeit der Kulturen und die anteilige Verteilung der Mitarbeiter/innen, aber auch das Management. Durch kulturbedingten Gruppenzwang wird die Kreativität eingeschränkt, da die eigene Meinung oder Vorschläge ggf. nicht oder nur gruppenkonform geäußert werden.[83]

Als ein Lösungsweg, kulturelle Differenzen zu überbrücken, wird zum Teil die gesteuerte Ausprägung einer starken Unternehmenskultur angesehen, um damit Unterschiede innerhalb der Organisation zu überbrücken.[84] Eine Gefahr des Ausbaus einer strategisch gemanagten Unternehmenskultur ist, dass die individuelle kulturelle Identität der Mitarbeiter/innen zugunsten einer gemeinsamen Unternehmenskultur verschwindet.[85] Daher ist es wichtig, dass anstelle eines Kohärenz-Ansatzes ein Kohäsions-Ansatz verfolgt wird, bei dem die Unternehmenskultur als Rahmen für kulturelle Diversität innerhalb des Unternehmens besteht, aber nicht alle vertretenen Kulturen zwanghaft an ein Schema angeglichen werden.[86]

Der Kohäsions-Ansatz kann auch unter dem Begriff Inklusion zusammengefasst werden. „Inklusion bedeutet, dass jeder Mensch als Individuum so akzeptiert wird, wie er ist, und es jedem Menschen in vollem Umfang möglich ist, am gesellschaftlichen Leben teilzuhaben."[87]

Stärken und Chancen für die Unternehmen

Wie bereits mehrfach erwähnt wurde, gibt es viele Stärken und Chancen, die aus der multikulturellen Zusammensetzung von Unternehmen bzw. Arbeitsgruppen sowie der Förderung derselben hervorgehen.

Multikulturell geprägte Unternehmen greifen auf ein breiteres Wissen über die verschiedenen Ansprüche von Kunden zu, denn genauso vielfältig wie der Personalmarkt sind auch die Zielgruppen von Unternehmen. Durch das Nutzen der kulturellen Diversität im eigenen Unternehmen können Vorteile gegenüber monokulturellen Unternehmen entstehen, wodurch sich die eigene Stellung am Markt verbessern lässt.[88] Dies kann durch gezielte Anwendung von Diversity Management oder ähnlichen Konzepten noch verstärkt werden.

Betrachten multikulturelle Teams ihre kulturelle Vielfalt als Vorteil, kann diese die eigene Kreativität anregen und bei der Produktentwicklung, bei Marketing- und Vertriebskonzepten fördernd wirken, da solche Teams auf einen größeren Pool an Erfahrungen, unterschiedlichen Sichtweisen und Ideen zurückgreifen können.[89]
Dadurch lassen sich ggf. innovativere Produkte neu entwickeln oder bestehende Produkte oder Dienstleistungen an die veränderten Erwartungen einer globalisierten Gesellschaft anpassen. Mitglieder solcher Gruppen neigen weniger dazu, ihr Verhalten an das Team anzupassen, und Ideen, Schlussfolgerungen und Entscheidungen werden weniger stark durch die Mehrheit beeinflusst. Das fördert die Gruppendynamik und führt zu besseren Ergebnissen.[90]

Unternehmen, die Diversity Management betreiben, können bei all ihren Anspruchsgruppen Vorteile genießen, die nachfolgend noch einmal zusammengefasst dargestellt werden. Auf der Ebene der Mitarbeiter/innen profitieren sie von einer gesteigerten Mitarbeiterzufriedenheit, die sich in geringeren Krankheitsausfällen und geringerer Fluktuation sowie einem positiveren Betriebsklima und damit höherer Arbeitsmotivation äußern kann. Auf der Ebene der Investoren oder Unternehmensinhaber wird die Aussicht auf gesteigerten Unternehmenserfolg generell als positiv angesehen, also auch, wenn dieser durch erhöhte kulturelle Vielfalt erreicht wird. Am Markt drücken sich die Vorteile des Diversity Managements durch erhöhte Konkurrenzfähigkeit und Imagesteigerung aus.
Das leitet wiederum direkt zur Ebene der Kunden über, bei denen weitere, im Kapitel zum Diversity Management erwähnte Aspekte die Kundenzufriedenheit steigern können. Auch bei potenziellen Bewerbern führt ein gutes Image und die Aussicht auf die Förderung von Individualität und Diversität zu einem höheren Ansehen. Zukünftig hat die Personalabteilung bei Neueinstellungen durch eine verbesserte Unternehmensreputation, die spezielle Ansprache neuer Beschäftigungszielgruppen und diskriminierungsfreie Rekrutierungsprozesse einen besseren Zugang zu qualifizierten Arbeitnehmer/innen.[91] Letztendlich

wird auch die gesetzliche Ebene bedient, indem gesetzlichen Vorgaben, wie dem Gleichbehandlungsgesetz, Folge geleistet wird.[92]

Unternehmen, die aktiv die kulturelle Vielfalt fördern, tragen auch gesellschaftlich dazu bei, den Ansprüchen einer globalisierten Welt und internationalisierter Wirtschafts- und Kultursysteme gerechter zu werden.

III. Kritische Anmerkungen zur Diversity-Debatte

Die meisten wissenschaftlichen Arbeiten zu Diversity konzentrieren sich auf den wirtschaftlichen Erfolg von Multikulturalität in Unternehmen.[93] In anderen Quellen wird davon ausgegangen, dass zu viele Unternehmen nur den Selbstzweck von Diversity Management sehen, nicht aber das wirtschaftliche Potenzial.[94] Die wünschenswerten sozialen Beweggründe finden in der Debatte hingegen selten Erwähnung. Vermutlich ist es zu schwer, Unternehmen davon zu überzeugen, sich für kulturelle Vielfalt einzusetzen, ohne daraus wirtschaftliche Vorteile zu ziehen.

Diese Arbeit verfolgt, wie die meisten Texte zu dem Thema, den Ansatz, derartige Vorteile herauszuarbeiten und die ökonomische Relevanz in den Vordergrund zu stellen, um über diesen Weg Unternehmen von der Relevanz diversitätsfördernder Maßnahmen zu überzeugen.
Der Vollständigkeit halber soll an dieser Stelle kurz auf gesellschaftliche Aspekte eingegangen werden, die langfristig auch für Unternehmen, die im gesellschaftlich-sozialen Kontext verankert sind, Bedeutung haben.
Einige geisteswissenschaftliche Ansätze zur Förderung interkultureller Kompetenz sehen in Diversity Management eher das Ziel, die Gesellschaft weiterzuentwickeln und zwischenmenschliche, interkulturelle Interaktion zu fördern.[95] Die Förderung von vorrangig am Unternehmenserfolg ausgerichteter interkultureller Kompetenz wird zum Teil kritisiert, weil sie oft zur Instrumentalisierung interkultureller Kompetenz zugunsten des mächtigeren Interaktionspartners, also der Unternehmensführung gegenüber den Mitarbeiter/innen, missbraucht wird.[96]

Fälschlicherweise wird Diversity Management oft der Corporate Social Responsibility (CSR) zugeordnet. Maßnahmen unter dem Titel CSR spielen eine zunehmende Rolle, um das Unternehmen als möglichst sozial darzustellen. Die Förderung von Mitarbeiter/innen verschiedener Herkunft sowie der anderen Anspruchsgruppen des Diversity Managements wird häufig als eine CSR-Maßnahme begriffen, obwohl sie selbstverständlich sein sollte und daher nicht zum CSR gezählt werden dürfte. Dennoch versuchen sich Unternehmen mit Diversity-Maßnahmen zu schmücken, um ihr Image zu verbessern und dem moralisch-ethischen Diskurs in der Öffentlichkeit gerecht zu werden.[97] Laut einer Umfrage unter den DAX-30-Unternehmen wird diese Zuordnung vor allem von dem Unternehmensbereich getätigt, der für CSR zuständig ist, jedoch nicht von dem, der für Diversity Management verantwortlich ist. Viele Unternehmen konzentrieren sich mehr auf CSR-Maßnahmen als auf Projekte zur Förderung kultureller Vielfalt.[98]

Bevölkerungsbefragungen und -messungen zeigen deutlich, wie relevant die Förderung interkultureller Kompetenz auch außerhalb des Unternehmenskontextes ist. Rund 19 Prozent der in Deutschland lebenden Menschen haben im engeren Sinne einen Migrationshintergrund, sind also selbst eingewandert oder haben mindestens einen nach 1955 eingewanderten Elternteil.[99] Laut einer Umfrage der TNS Infratest Sozialforschung betrachten nur 12,6 Prozent der Befragten die in Deutschland lebenden Ausländer als eine Bereicherung für die Kultur. Fast genauso viele, 11,6 Prozent, stimmen dem gar nicht zu.[100]

Diese Zahlen zeigen beispielhaft die gesellschaftliche Notwendigkeit sozialer Integration bzw. Inklusion. Sowohl die Bewahrung „hoher wirtschaftlicher Leistungs- und Anpassungsfähigkeit" als auch die „Integration aller Gesellschaftsmitglieder" sind maßgeblich für die deutsche Gesellschaft, um vor den Herausforderungen der nächsten Jahrzehnte bestehen zu können.[101] Integration und Inklusion können somit sowohl als politische und soziale als auch als wirtschaftliche Aufgabe verstanden werden und sind nur im Zusammenspiel aller beteiligten Akteure erfolgreich.[102]

Bei ausschließlich betriebswirtschaftlicher Betrachtung von Diversity Management werden einige Wirkmechanismen mit Einfluss auf den Erfolg des Konzeptes übersehen.[103] Dazu gehören zum Beispiel die weiter oben erwähnten Aspekte des individuellen sozialen Umfeldes der Mitarbeiter/innen. Der Umgang mit kultureller Vielfalt wird oft als Verwaltungsprozess von Planung, Organisation und Erfolgskontrolle bis Budgetierung verstanden[104], was den tatsächlichen Anforderungen nicht gerecht werden kann.

IV. Fazit und Ausblick

Wie auch in anderen Ländern wächst in Deutschland das Bewusstsein für Chancen und Risiken der kulturellen Durchmischung von Organisationen sowie der Gesellschaft im Allgemeinen. Interkulturelle Kommunikation wird zunehmend zu einer Schlüsselqualifikation von Managern in international agierenden sowie in lokalen Unternehmen. Daneben sollte interkulturelle Kompetenz als allgemeines „Bildungsziel in der Persönlichkeitsentwicklung" betrachtet werden.[105]

In Deutschland haben bisher vorwiegend multinationale Unternehmen die Relevanz von interkultureller Kompetenz und Diversity Management erkannt. Als Beispielunternehmen sind die Deutsche Bank, Deutsche Lufthansa, Deutsche Telekom und Siemens zu nennen.[106] Der sich verändernde Arbeitsmarkt in Deutschland verlangt zukünftig auch von mittelständischen Unternehmen, mehr für die Gleichberechtigung von Menschen mit Migrationshintergrund zu tun.[107]

Der Zugang zu Fachkräften spielt in Zukunft eine zunehmende Rolle. Um die Zuwanderung von qualifizierten Arbeitnehmer/innen zu vereinfachen und damit auch den Unternehmen bessere Möglichkeiten einzuräumen, wurden gesetzliche Vorgaben geändert. Durch das sogenannte Anerkennungsgesetz haben Arbeitskräfte bessere Chancen, sich ihre Qualifikationen in Deutschland anerkennen zu lassen.[108] Davon profitieren letztendlich auch die Unternehmen, wenn sie zusätzlich attraktive Arbeitsbedingungen schaffen.

Ein weiterer Bereich mit Entwicklungsbedarf ist die Leiharbeit, die als deutliches Hemmnis von Integration bzw. Inklusion angesehen werden kann.[109] Dieses Thema findet sich jedoch kaum in der Literatur zu interkulturellem Management wieder.

Abschließend lässt sich im Vergleich von Schwächen und Risiken zu Stärken und Chancen multikultureller Unternehmen ablesen, dass diese durch gezielte Steuerung und Förderung der kulturellen Vielfalt erhebliche Vorteile gegenüber monokulturell geprägten Unternehmen haben können. Dabei muss ein gewisses Gleichgewicht von Diversität und Homogenität erhalten bleiben, damit nicht der Aufwand der Inklusion und das Management der kulturellen Vielfalt über dem Nutzen der Diversität steht.[110] Auch ist ein gemeinsames Wertesystem und eine gemeinsame Sprache eine Grundvoraussetzung dafür, dass Ideen erfolgreich kommuniziert und umgesetzt werden können. Dafür ist ein Gleichgewicht zwischen der Individualität der Mitarbeiter und einer organisationalen Einheit erforderlich. Andernfalls besteht die Gefahr, dass die vollkommen inhomogene Gruppe nicht mehr zu steuern ist.[111]

Insgesamt wird die Relevanz von Diversität durch die Unternehmensführung insbesondere in Deutschland noch oft unterschätzt, weshalb ökonomische Nachweise des Nutzens wichtig sind. Noch erscheint die Implementierung von Maßnahmen für mehr Vielfalt im Unternehmen als zu komplex und kostenintensiv und wird oft nicht in Relation zum Nutzen gesehen.[112] Das verdeutlicht wiederum die Bedeutung des Themas für die Wirtschaftskommunikation, zu deren Aufgaben es gehören kann, die Relevanz von kultureller Vielfalt und Diversity Management in Unternehmen zu vermitteln.

Über die Autorin
MARIE ANTONIA BARTNING

Studentin der Wirtschaftskommunikation an der Hochschule für Technik und Wirtschaft Berlin (HTW-Berlin), freiberufliche Grafikdesignerin und Fotografin.

Autorenkontakt
antonia@bartning.de

Fußnoten & Quellenverzeichnis

1 Vgl. Jensen-Dämmrich, Kirsten (2011): Diversity Management. Ein Ansatz zur Gleichbehandlung von Menschen im Spannungsfeld zwischen Globalisierung und Rationalisierung?, Weiterbildung – Personalentwicklung – Organisationales Lernen, Band 7.

2 Vgl. Willke, Gerhard (2006): Pocket Wirtschaft – Ökonomische Grundbegriffe, Braunschweig: Bundeszentrale für politische Bildung/bpb.

3 Vgl. Jensen-Dämmrich, Kirsten (2011): Diversity Management. Ein Ansatz zur Gleichbehandlung von Menschen im Spannungsfeld zwischen Globalisierung und Rationalisierung?, Weiterbildung – Personalentwicklung – Organisationales Lernen, Band 7.

4 Vgl. Pape, Judith (2013): Zuwanderer dringend gesucht – neue Strategien gegen Fachkräftemangel, http://www.tagesschau.de/inland/fachkraeftemangel-zuwanderung100.html , Stand: 29.05.2013.

5 Sander, Dominik (Hrsg.) (2007): Kompendium Diversity Management – Praxisbeispiele österreichischer Organisationen. Wien: diversityworks. prove Unternehmensberatung GmbH. S.8.

6 Vgl. Macharzina, Klaus/Wolf, Joachim (2005): Unternehmensführung – Das internationale Managementwissen, 5. Auflage, Wiesbaden.

7 Vgl. Klemm, Matthias (2012): Organisation interkultureller Kommunikation – interkulturelle Kommunikation in Organisationen: Eine vergleichende Untersuchung. In: M. Görlich et al. (Hrsg.): Organisationen und kulturelle Differenz, Organisation und Pädagogik 12. Wiesbaden, S. 185–195.

8 Vgl. Sander, Dominik (Hrsg.) (2007): Kompendium Diversity Management – Praxisbeispiele österreichischer Organisationen. Wien: diversityworks. prove Unternehmensberatung GmbH.

9 Brandt, Jürgen (2006): Diversity Management und der Diversity-Mensch. In: Boenigk et al.: Innovative Wirtschaftskommunikation. Wiesbaden, S. 183–190. S.190.

10 Vgl. Kauffeld, Simone/Thomas, Ramona (2011): Interkulturelle Kommunikation und Kooperation. In: Kauffeld, Simone (Hrsg.): Arbeits-, Organisations- und Personalpsychologie.

11 Vgl. Kühne, A. (2001): Interkulturelle Teams, Wiesbaden.

12, 13, 14 & 15 Kauffeld, Simone/Thomas, Ramona (2011): Interkulturelle Kommunikation und Kooperation. In: Kauffeld, Simone (Hrsg.): Arbeits-, Organisations- und Personalpsychologie. S.164f.

16 Vgl. Doser 2006.

17, 18 & 19 Vgl. Kauffeld, Simone/Thomas, Ramona (2011): Interkulturelle Kommunikation und Kooperation. In: Kauffeld, Simone (Hrsg.): Arbeits-, Organisations- und Personalpsychologie.

20 Vgl. Doser 2006.

21 Vgl. ebd. und Kauffeld, Simone/Thomas, Ramona (2011): Interkulturelle Kommunikation und Kooperation. In: Kauffeld, Simone (Hrsg.): Arbeits-, Organisations- und Personalpsychologie.

22 Vgl. Jensen-Dämmrich, Kirsten (2011): Diversity Management. Ein Ansatz zur Gleichbehandlung von Menschen im Spannungsfeld zwischen Globalisierung und Rationalisierung?, Weiterbildung – Personalentwicklung – Organisationales Lernen, Band 7.

23 Schulz, André (2009): Strategisches Diversitätsmanagement – Unternehmensführung im Zeitalter der kulturellen Vielfalt, Wiesbaden. S.125.

24 Vgl. Rathje, Stephanie (2006): Interkulturelle Kompetenz – Zustand und Zukunft eines umstrittenen Konzepts. Zeitschrift für Interkulturellen Fremdsprachenunterricht.

25 Vgl. Faber, Leopoldine (2007): Diversity Management in der Bank Austria Creditanstalt (BA-CA). In: Sander, Dominik (Hrsg.): Kompendium Diversity Management – Praxisbeispiele österreichischer Organisationen, Wien: diversityworks. prove Unternehmensberatung GmbH, S. 34–38.

26 Vgl. Macharzina, Klaus/Wolf, Joachim (2005): Unternehmensführung – Das internationale Managementwissen, 5. Auflage, Wiesbaden.

27 Vgl. Doser 2006.

28 Faber, Leopoldine (2007): Diversity Management in der Bank Austria Creditanstalt (BA-CA). In: Sander, Dominik (Hrsg.): Kompendium Diversity Management – Praxisbeispiele österreichischer Organisationen, Wien: diversityworks. prove Unternehmensberatung GmbH, S. 34–38. S.36.

29 Vgl. Schulz, André (2009): Strategisches Diversitätsmanagement – Unternehmensführung im Zeitalter der kulturellen Vielfalt, Wiesbaden.

30 Vgl. Sander, Dominik (Hrsg.) (2007): Kompendium Diversity Management – Praxisbeispiele österreichischer Organisationen. Wien: diversityworks. prove Unternehmensberatung GmbH und Jensen-Dämmrich, Kirsten (2011): Diversity Management. Ein Ansatz zur Gleichbehandlung von Menschen im Spannungsfeld zwischen Globalisierung und Rationalisierung?, Weiterbildung – Personalentwicklung – Organisationales Lernen, Band 7.

31 Schulz, André (2009): Strategisches Diversitätsmanagement – Unternehmensführung im Zeitalter der kulturellen Vielfalt, Wiesbaden. S.125.

32 Kauffeld, Simone/Thomas, Ramona (2011): Interkulturelle Kommunikation und Kooperation. In: Kauffeld, Simone (Hrsg.): Arbeits-, Organisations- und Personalpsychologie. S.175.

33 Vgl. Sander, Dominik (Hrsg.) (2007): Kompendium Diversity Management – Praxisbeispiele österreichischer Organisationen. Wien: diversityworks. prove Unternehmensberatung GmbH und Schulz, André (2009): Strategisches Diversitätsmanagement – Unternehmensführung im Zeitalter der kulturellen Vielfalt, Wiesbaden.

34 Vgl. Schulz, André (2009): Strategisches Diversitätsmanagement – Unternehmensführung im Zeitalter der kulturellen Vielfalt, Wiesbaden.

35 Kühne, A. (2001): Interkulturelle Teams, Wiesbaden. S.56.

36 Vgl. o. A. (2007): Gleichbehandlung in Beschäftigung und Beruf, http://europa.eu/legislation_summaries/employment_and_social_policy/employment_rights_and_work_organisation/c10823_de.htm, Stand: 08.06.2013.

37 Vgl. Kissmann, Nicole M. (2007): Diversity Management bei ISS Facility Services GmbH. In: Sander, Dominik (Hrsg.): Kompendium Diversity Management – Praxisbeispiele österreichischer Organisationen. Wien: diversityworks. prove Unternehmensberatung GmbH, S. 44–47.

38 Vgl. Kauffeld, Simone/Thomas, Ramona (2011): Interkulturelle Kommunikation und Kooperation. In: Kauffeld, Simone (Hrsg.): Arbeits-, Organisations- und Personalpsychologie.

39 & 40 Vgl. Schulz, André (2009): Strategisches Diversitätsmanagement – Unternehmensführung im Zeitalter der kulturellen Vielfalt, Wiesbaden.

41 Sander, Dominik (Hrsg.) (2007): Kompendium Diversity Management – Praxisbeispiele österreichischer Organisationen. Wien: diversityworks. prove Unternehmensberatung GmbH. S.7.

42 & 43 Kissmann, Nicole M. (2007): Diversity Management bei ISS Facility Services GmbH. In: Sander, Dominik (Hrsg.): Kompendium Diversity Management – Praxisbeispiele österreichischer Organisationen. Wien: diversityworks. prove Unternehmensberatung GmbH, S. 44–47.

44 Vgl. Sander, Dominik (Hrsg.) (2007): Kompendium Diversity Management – Praxisbeispiele österreichischer Organisationen. Wien: diversityworks. prove Unternehmensberatung GmbH.

45 Bouzek, Bernhard (2007): Vielfalt als Chance – Die Magistratsabteilung 17 – Integrations- und Diversitätsangelegenheiten der Stadt Wien. In: Sander, Dominik (Hrsg.): Kompendium Diversity Management – Praxisbeispiele österreichischer Organisationen. Wien: diversityworks. prove Unternehmensberatung GmbH, S. 28–33. S.30.

46 Vgl. Sander, Dominik (Hrsg.) (2007): Kompendium Diversity Management – Praxisbeispiele österreichischer Organisationen. Wien: diversityworks. prove Unternehmensberatung GmbH.

47 Vgl. Kaiser, Eva (2004): Diversity – wie Unternehmen messbar profitieren. Wirtschaft & Weiterbildung Nov./Dez. 2004. Freiburg: Haufe.

48 Vgl. Kühne, A. (2001): Interkulturelle Teams, Wiesbaden.

49 & 50 Vgl. Schulz, André (2009): Strategisches Diversitätsmanagement – Unternehmensführung im Zeitalter der kulturellen Vielfalt, Wiesbaden.

51 Vgl. Sander, Dominik (Hrsg.) (2007): Kompendium Diversity Management – Praxisbeispiele österreichischer Organisationen. Wien: diversityworks. prove Unternehmensberatung GmbH.

52 Vgl. Macharzina, Klaus/Wolf, Joachim (2005): Unternehmensführung – Das internationale Managementwissen, 5. Auflage, Wiesbaden.

53 Vgl. Sander, Dominik (Hrsg.) (2007): Kompendium Diversity Management – Praxisbeispiele österreichischer Organisationen. Wien: diversityworks. prove Unternehmensberatung GmbH.

54 & 55 Charta der Vielfalt e.V. (2013): Über die Charta, http://www.charta-der-vielfalt.de/charta-der-vielfalt/ueber-die-charta.html, Stand: 15.06.2013.

56 Vgl. Sander, Dominik (Hrsg.) (2007): Kompendium Diversity Management – Praxisbeispiele österreichischer Organisationen. Wien: diversityworks. prove Unternehmensberatung GmbH.

57 & 58 Charta der Vielfalt e.V. (2013a): Historie, http://www.charta-der-vielfalt.de/charta-der-vielfalt/historie.html, Stand: 15.06.2013.

59 Vgl. Charta der Vielfalt e.V. (2013b): Newsletter „Charta der Vielfalt", Ausgabe 02/2013, Mai 2013, http://www.charta-der-vielfalt.de/fileadmin/user_upload/beispieldateien/Bilddateien/Newsletter/Newsletter_2013_5/Newsletter_Charta_der_Vielfalt_Mai_2013.pdf, Stand: 15.06.2013.

60 Vgl. Berthold, Martina (2007): Salzburg.diskriminierungsfrei?! Das Projekt zum Salzburger Gleichbehandlungsgesetz als Diversity-Anregung. In: Sander, Dominik (Hrsg.): Kompendium Diversity Management – Praxisbeispiele österreichischer Organisationen. Wien: diversityworks. prove Unternehmensberatung GmbH, S. 22–27.

61 Vgl. Schulz, André (2009): Strategisches Diversitätsmanagement – Unternehmensführung im Zeitalter der kulturellen Vielfalt, Wiesbaden.

62 & 63 Kaiser, Eva (2004): Diversity – wie Unternehmen messbar profitieren. Wirtschaft & Weiterbildung Nov./Dez. 2004. Freiburg. S.22.

64 Vgl. Kissmann, Nicole M. (2007): Diversity Management bei ISS Facility Services GmbH. In: Sander, Dominik (Hrsg.): Kompendium Diversity Management – Praxisbeispiele österreichischer Organisationen. Wien: diversityworks. prove Unternehmensberatung GmbH, S. 44–47.

65 Vgl. Jensen-Dämmrich, Kirsten (2011): Diversity Management. Ein Ansatz zur Gleichbehandlung von Menschen im Spannungsfeld zwischen Globalisierung und Rationalisierung?, Weiterbildung – Personalentwicklung – Organisationales Lernen, Band 7.

66 Vgl. Schulz, André (2009): Strategisches Diversitätsmanagement – Unternehmensführung im Zeitalter der kulturellen Vielfalt, Wiesbaden.

67 & 68 Vgl. Jensen-Dämmrich, Kirsten (2011): Diversity Management. Ein Ansatz zur Gleichbehandlung von Menschen im Spannungsfeld zwischen Globalisierung und Rationalisierung?, Weiterbildung – Personalentwicklung – Organisationales Lernen, Band 7.

69 Vgl. Macharzina, Klaus/Wolf, Joachim (2005): Unternehmensführung – Das internationale Managementwissen, 5. Auflage, Wiesbaden.

70 Vgl. Jensen-Dämmrich, Kirsten (2011): Diversity Management. Ein Ansatz zur Gleichbehandlung von Menschen im Spannungsfeld zwischen Globalisierung und Rationalisierung?, Weiterbildung – Personalentwicklung – Organisationales Lernen, Band 7.

71 Vgl. Voigt, Bernd-Friedrich/Wagner, Dieter (2007): Diversity Management als Leitbild von Personalpolitik, Wiesbaden.

72 & 73 Vgl. Kühne, A. (2001): Interkulturelle Teams, Wiesbaden.

74 Vgl. Ivanova/Hauke (2003): Chancen und Vorteile von Diversity Management – Unternehmensbefragung unter 78 deutschen Firmen.

75 Vgl. Hays AG (2008): Welche Erfahrungen mit internationaler Personalrekrutierung haben Sie bisher gemacht?, http://de.statista.com/statistik/daten/studie/161977/umfrage/erfahrungen-von-unternehmen-mit-internationaler-personalrekrutierung/, Stand: 10.06.2013.

76 Vgl. Sander, Dominik (Hrsg.) (2007): Kompendium Diversity Management – Praxisbeispiele österreichischer Organisationen. Wien: diversityworks. prove Unternehmensberatung GmbH.

77 Vgl. Kühne, A. (2001): Interkulturelle Teams, Wiesbaden.

78 & 79 Doser 2006. S.17.

80 Vgl. Doser 2006.

81 Vgl. Klemm, Matthias (2012): Organisation interkultureller Kommunikation – interkulturelle Kommunikation in Organisationen: Eine vergleichende Untersuchung. In: M. Görlich et al. (Hrsg.): Organisationen und kulturelle Differenz, Organisation und Pädagogik 12. Wiesbaden, S.185–195.

82 & 83 Vgl. Kühne, A. (2001): Interkulturelle Teams, Wiesbaden.

84 Vgl. Macharzina, Klaus/Wolf, Joachim (2005): Unternehmensführung – Das internationale Managementwissen, 5. Auflage, Wiesbaden.

85 Vgl. Klemm, Matthias (2012): Organisation interkultureller Kommunikation – interkulturelle Kommunikation in Organisationen: Eine vergleichende Untersuchung. In: M. Görlich et al. (Hrsg.): Organisationen und kulturelle Differenz, Organisation und Pädagogik 12. Wiesbaden, S.185–195 und Kühne 2011.

86 Vgl. Rathje, Stephanie (2006): Interkulturelle Kompetenz – Zustand und Zukunft eines umstrittenen Konzepts. Zeitschrift für Interkulturellen Fremdsprachenunterricht.

87 o. A. (2013): hochinklusiv – Zusammenhalt einer vielfältigen Gesellschaft, http://www.boell.de/wirtschaftsoziales/stadtentwicklung/hochinklusiv-hochinklusiv-zusammenhalt-einer-viefaeltigen-gesellschaft-14753.html, Stand: 15.06.2013.

88 & 89 Vgl. Sander, Dominik (Hrsg.) (2007): Kompendium Diversity Management – Praxisbeispiele österreichischer Organisationen. Wien: diversityworks. prove Unternehmensberatung GmbH.

90 Vgl. Kühne, A. (2001): Interkulturelle Teams, Wiesbaden.

91 Vgl. Sander, Dominik (Hrsg.) (2007): Kompendium Diversity Management – Praxisbeispiele österreichischer Organisationen. Wien: diversityworks. prove Unternehmensberatung GmbH.

92 Vgl. o. A. (2007): Gleichbehandlung in Beschäftigung und Beruf, http://europa.eu/legislation_summaries/employment_and_social_policy/employment_rights_and_work_organisation/c10823_de.htm, Stand: 08.06.2013.

93 Vgl. u.a. Sander, Dominik (Hrsg.) (2007): Kompendium Diversity Management – Praxisbeispiele österreichischer Organisationen. Wien: diversityworks. prove Unternehmensberatung GmbH.

94 Vgl. Köppel, Petra (2012): Diversity Management in Deutschland 2012: Ein Benchmark unter den DAX 30-Unternehmen, Parsdorf bei München.

95 & 96 Vgl. Rathje, Stephanie (2006): Interkulturelle Kompetenz – Zustand und Zukunft eines umstrittenen Konzepts. Zeitschrift für Interkulturellen Fremdsprachenunterricht.

97 Vgl. Schulz, André (2009): Strategisches Diversitätsmanagement – Unternehmensführung im Zeitalter der kulturellen Vielfalt, Wiesbaden.

98 Vgl. Köppel, Petra (2012): Diversity Management in Deutschland 2012: Ein Benchmark unter den DAX 30-Unternehmen, Parsdorf bei München.

99 Vgl. Statistisches Bundesamt (2011): Zensus 2011: 80,2 Millionen Einwohner lebten am 9. Mai 2011 in Deutschland, https://www.destatis.de/DE/PresseService/Presse/Pressemitteilungen/2013/05/PD13_188_121.html, Stand: 15.06.2013.

100 Vgl. GESIS (2007): Denken Sie, die in Deutschland lebenden Ausländer sind eine Bereicherung für die Kultur?, TNS Infratest Sozialforschung, http://de.statista.com/statistik/daten/studie/173349/umfrage/einschaetzung-der-kulturbereicherung-durch-auslaender/, Stand: 15.06.2013.

101 & 102 Brümmer et al. (2011): Wege in eine inklusive Arbeitsgesellschaft, Schriften zu Wirtschaft und Soziales Band 7. Berlin: Heinrich-Böll-Stiftung. S.48.

103 & 104 Vgl. Jensen-Dämmrich, Kirsten (2011): Diversity Management. Ein Ansatz zur Gleichbehandlung von Menschen im Spannungsfeld zwischen Globalisierung und Rationalisierung?, Weiterbildung – Personalentwicklung – Organisationales Lernen, Band 7.

105 Kauffeld, Simone/Thomas, Ramona (2011): Interkulturelle Kommunikation und Kooperation. In: Kauffeld, Simone (Hrsg.): Arbeits-, Organisations- und Personalpsychologie. S.163.

106 Vgl. Schulz, André (2009): Strategisches Diversitätsmanagement – Unternehmensführung im Zeitalter der kulturellen Vielfalt, Wiesbaden.

107 Vgl. Pape, Judith (2013): Zuwanderer dringend gesucht – neue Strategien gegen Fachkräftemangel, http://www.tagesschau.de/inland/fachkraeftemangel-zuwanderung100.html , Stand: 29.05.2013.

108 Vgl. Pape, Judith (2013): Zuwanderer dringend gesucht – neue Strategien gegen Fachkräftemangel, http://www.tagesschau.de/inland/fachkraeftemangel-zuwanderung100.html , Stand: 29.05.2013.

109 Vgl. Siebenhüter, Sandra (2011): Integrationshemmnis Leiharbeit – Auswirkungen von Leiharbeit auf Menschen mit Migrationshintergrund, Frankfurt am Main.

110 Vgl. Jensen-Dämmrich, Kirsten (2011): Diversity Management. Ein Ansatz zur Gleichbehandlung von Menschen im Spannungsfeld zwischen Globalisierung und Rationalisierung?, Weiterbildung – Personalentwicklung – Organisationales Lernen, Band 7.

111 Vgl. Voigt, Bernd-Friedrich/Wagner, Dieter (2007): Diversity Management als Leitbild von Personalpolitik, Wiesbaden.

112 Vgl. Schulz, André (2009): Strategisches Diversitätsmanagement – Unternehmensführung im Zeitalter der kulturellen Vielfalt, Wiesbaden.

UBIQUITÄRE KOMMUNIKATION ÜBER ERWEITERTE INFORMATIONSEBENEN

von Marion Blacher-Schwake

Spätestens, wenn Anfang September 2013 die erste Ausgabe der Zeitung DIE WELT mit Augmented Reality Features erscheint, dürfte die digitale Neuausrichtung der Axel Springer AG auch visuell deutlich werden. Mit dem Verkauf eines Großteils des Printgeschäfts positionierte sich einer der größten deutschen Verlage Ende Juli 2013 ganz deutlich in Richtung digitaler Markt.

So werden in der ersten ‚WELT der Zukunft'-Ausgabe Zukunftsthemen aus den wichtigsten Branchen mithilfe von Augmented-Reality(AR)-Visualisierungen innovativ aufbereitet. Über den zweidimensionalen redaktionellen Text hinaus können dann gekennzeichnete Inhalte mit Videos, interaktiven Grafiken, Produktkatalogen oder auch 3-D-Animationen als zusätzliche Informationsebenen für die Leser erlebbar werden. Parallel dazu haben Anzeigenkunden ab diesem Zeitpunkt die Möglichkeit, ihre Anzeigen durch AR-Visualisierungen zu erweitern und sich damit den Lesern als innovative Unternehmen zu präsentieren.[1]

Das Konzept soll für die folgenden täglichen Ausgaben übernommen werden. Die tägliche Nutzung von ehemals printbasierten Formaten auf dem iPad oder Smartphone hat sich vor allem bei jüngeren Zielgruppen längst schon durchgesetzt; diese schätzen die Vorteile von multimedialen Erweiterungsoptionen.

Wenn Print also gestern war, was kommt dann morgen? Selbst 3-D, gerade noch als der ultimative Medientrend gehandelt, soll bereits in wenigen Jahren von Holografien abgelöst werden. Schon heute setzen selbst konservative Printmedien QR-Code-Grafiken ein, um für ihre Leser zusätzliche Informationsebenen bereitzustellen.

Auch Google 2013 entwickelt sich mit der Datenbrille ‚Glass' gerade von der klassischen Suchmaschine zum Augmented-Reality-gestützten, ubiquitären Informationsanbieter. Erfolgt die Datenabfrage bei der AR-Brille ‚Glass' momentan noch durch das Touchpad am Brillengestell, sollen Anwendungsbefehle des Nutzers zur Datenverarbeitung in den nächsten Jahren schon mit einem Wimpernschlag ausgelöst werden können. Bis jetzt wird zwar die Datenverarbeitung durch Sprachsteuerung und das Touchpad am Rahmen ermöglicht. Wenn man sich die ‚Glass App' aber gründlicher anschaut, findet man im Quellcode bereits heute Hinweise auf diese neue Steuerungsfunktion.

Die Dysfunktionsreduktion wird Google sicherlich noch einige Entwicklungszeit kosten, denn der Wimpernschlag soll ja z.B. nicht zu ungewollten Fotolawinen und unbrauchbaren Datenmengen führen. Auch müssen persönlichkeitsrechtliche Aspekte insbesondere der Fotooption im datenschutzrechtlich strengen europäischen Raum geklärt werden – nicht jedem wird es recht sein, schnell mal ‚angezwinkert' und damit fotografiert zu werden. Aber der Astrophysiker Stephen Hawking hat es vorgemacht: Ein Wimpernschlag kann Wissenschaftsgeschichte schreiben. Ein ‚Guest Mode' soll es weiteren Nutzern ermöglichen, die Datenbrille ‚Glass' zu testen, ohne Zugriff auf gespeicherte Daten des Besitzers der Brille zu bekommen.[2]

Abb. 1 Google Glass

Weitere Datenbrillen vor allem zur Optimierung von Geschäftsprozessen für den professionellen Einsatz wurden auch schon von anderen Anbietern wie SAP und Vuzix vorgestellt. Sie wurden bereits auf der CES (Consumer Electronics Show in Las Vegas) 2012 gezeigt und sollen noch 2013 in den Handel kommen. SAP z.B. sieht das Angebot als Möglichkeit für seine Kunden, ihre Software effizienter zu nutzen und Geschäftsprozesse zu verbessern. Wie auch die ‚Glass'-Brille ähneln diese Modelle einem Headset mit Ausleger. Sie greifen auf Informationen eines verbundenen Smartphones zurück und stellen diese in einem virtuellen Display vor einem Auge dar.

Diese vier bis fünf Zoll großen Displays zeigen den Nutzern visuell aufbereitete Informationen mit einem unterschiedlich wahrgenommenen Abstand von bis zu drei Metern an. Interagiert wird mit der Brille auch hier über Sprachbefehle. Bei einem technischen Problem kann über die Brille Hilfe angefordert werden; der Nutzer erhält dann Anweisungen zur Behebung des Problems. SAP arbeitet ständig an weiteren sinnvollen Einsatzszenarien. Die Brillen kommunizieren über WLAN und Bluetooth, arbeiten sowohl mit Smartphones unter iOS als auch Android zusammen und bieten interessante Nutzungsmöglichkeiten für Verbraucher, aber auch in der internen Unternehmensanwendung. So erschließen sich Firmen wie Google und SAP darüber auch Einsatzanwendungen für den Vertrieb in Firmen, etwa bei der Fertigung, in der Logistik oder im Serviceeinsatz.[3]

Durch den Einsatz von AR-Technologien nicht nur in Brillen werden Informationen dreidimensional verständlicher; auch verortete Marketing-Kampagnen können so mit einem intensiveren Nutzererlebnis inszeniert werden. Über erweiterte Realitäten und mit einem kreativen Konzept können Kunden in jede gewünschte Stimmung versetzt und Markenerlebnisse nachhaltig kommuniziert werden.
Beispiele von etablierten Marken zeigen das deutlich: Die Marketingabteilung von Mondelēz konzipierte für die Marke Milka Schlittenrennen

mit dem Weihnachtsmann und virtuelles Schneeflockenfangen als messestandgroßes AR-Erlebnis im Berliner und Frankfurter Bahnhof; die Realisierung war 2012 die Aufgabe des französischen AR-Environment-Spezialisten ‚Total Immersion'. Auch ‚National Geographic' setzte letztes Jahr mit Hilfe dieser Agentur eine innovative Marketingaktion weltweit in Einkaufszentren um. Das visuelle Gesamterlebnis der Zeitschrift wurde mittels AR auf beeindruckende Weise dreidimensional und interaktiv erlebbar. Der Zuschauer konnte einem Astronauten folgen, sich von Dinosauriern erschrecken lassen oder Delfine streicheln.

Wenn man vor Ort oder bei YouTube die Gesichter der Zuschauer dieser Augmented-Reality-Kampagnen betrachtet, lässt sich herauslesen, dass das funktioniert hat. Insbesondere Kinder lassen sich schnell für erweiterte Realitäten begeistern und genießen interaktive Spielumgebungen. Auch LEGO nutzt diesen Effekt mit seiner ‚Digital Box' schon seit einigen Jahren für seine Produktpräsentation in Spielzeugabteilungen. Hier werden die Produktabbildungen auf den Verpackungen als AR-Marker benutzt, mithilfe des LEGO-Kiosk-Systems wird die dreidimensionale Repräsentation des Produktes erzeugt. Durch die AR-Visualisierung wird das Produkterlebnis nachvollziehbarer und der Kaufanreiz steigt. Vor allem für die hochpreisige Produktpräsentation z.B. im Automobilbereich beim AUDI R8 oder beim BMW Z4 sind AR-Broschüren inzwischen selbstverständlich. Damit werden insbesondere technologiebegeisterte, zahlungskräftige Kunden vom Produkt überzeugt.
Erwartungen der Kunden werden vor der Kampagnenkonzeption gründlich analysiert und dann entsprechend mit diesen AR-Kampagnen bedient. Selbst technologisch Uninteressierte können sich dem spielerischen Reiz von AR-Inszenierungen kaum entziehen. Wenn andere Marketeers die visuelle Welt auch in dieser Form bereichern würden, könnte Werbung wieder wie früher faszinieren.

Das Potenzial dieser Technologien haben sowohl die Global Player als auch viele Neugründer erkannt. Neue AR-Start-ups mit unterschiedlichen Geschäftsmodellen möchten Nutzer informieren, aber auch unterhalten. Das Spektrum reicht von Orientierung vermittelnden mobilen Browsern wie ‚Wikitude' bis hin zu fast immersiven Spielen wie Googles ‚Ingress' oder auch ‚eevoo' eines Berliner Start-up Unternehmens.[4] Als Echtzeit-Strategiespiele konzipiert sind sie jeweils als Native App für ausgewählte Smartphones optimiert. Gerade jüngere kaufkräftige Zielgruppen lassen sich für diese innovativen Spielerlebnisse begeistern, das haben auch die Marketingabteilungen großer Sportswear-Hersteller wie Nike und Adidas begriffen. Städte wie New York oder Wien werden bei ihren Kampagnen zur Spielplattform, das Smartphone kommuniziert über eine App den Spielablauf und ermöglicht die Interaktivität mit anderen Spielern. Real und virtuell gibt es natürlich passende Brand Awareness, sodass sich die Markenbindung verstärkt.

Da Augmented-Reality-Funktionen inzwischen aber auch in Browser-Software implementierbar sind, können Unternehmen AR mit überschaubarem Mehraufwand auch auf ihren Webseiten zur Kommunikation einsetzen. Momentan haben sie damit sicherlich noch einen Innovationsvorsprung.

Bis Anfang dieses Jahres war es Entwicklern, Programmierern und spezialisierten Agenturen vorbehalten, die Realität mit erweiterten Visualisierungen zu verschönern. Aber nun sind sie endlich da: AR-Apps für jedermann! Sie ermöglichen AR-Umgebungsspiele, touristische Entdeckungstouren oder auch schon selbst erzeugte erweiternde Visualisierungen.

Bei der App ‚onvert' ermöglichen es QR-Codes den Benutzern, AR-Dateien aus einer Datenbank mit einem Scan ihrer QR-Lese-App abzurufen. Der Installationscode kann von jeder Standard-QR-App gelesen werden. Die Benutzer interagieren dann über ihre Smartphones und

Tablets mit der realen Welt. Die App ‚onvert' konvergiert QR- und AR-Technologien miteinander: Man kann nicht nur virtuelle 3-D-Projektion kreieren und den Visualisierungen 30 Sekunden Ton hinzufügen, sondern die komprimierten Inhalte dann auch auf das Smartphone downloaden und sich sein Werk anschauen.

Das selbst kreierte AR-Erlebnis kann direkt mit ausgewählten Webseiten verlinkt werden. Nutzer bekommen so viel mehr als nur einen Weblink. Für die kostenlose AR-Basisansicht auf der Webseite und auf dem Smartphone müssen nur vier Bildobjekte (ein Basisbild und drei ergänzende Ebenen) im png-Format transparent freigestellt und auf eine bestimmte Größe aufgelöst werden. Komplexere Konzepte werden dann kostenpflichtig, aber mit einer ansprechenden Idee macht sich das sicherlich bezahlt.

Damit können AR-Visualisierungen in ganz neuen Dimensionen erstellt und überall platziert werden – im Tourismusbereich, zu Hause, auf Plakaten, Zeitschriften, an Informationspunkten, auf Produktverpackungen, in Gewinnspielen, Galerien, Büchern, Schulen etc. – und wie bei den meisten dieser Apps kann man schon in der Basisversion vieles kostenlos ausprobieren.[5]

Auch im Bereich der geobasierten Applikationen hat sich viel getan. Ähnlich der ortsbasierten AR-Visualisierungen von Wikitude ist es mithilfe der App ‚layAR' nun möglich, selbst erstellte Darstellungen an einem vorher festgelegten beliebigen Ort mit einem Smartphone oder Tablet sichtbar zu machen. Dieser Ort kann geolokalisiert über GPS auch von anderen Nutzern mit ihrem Device ‚besucht' werden. Bei entsprechender Voreinstellung können auch diese dann die AR-Visualisierungen modifizieren: Bearbeiten, Löschen, Skalieren, Drehen, Animieren und Ergänzen mit eigenen Inhalten ist möglich.

So können eigene Inhalte dargestellt, aber auch der Zugriff auf die Datenbank mit vielen 3-D- und 2-D-Inhalten, die aus Tausenden von anderen Nutzern erstellten Objekten besteht, ermöglicht werden. Das ausgewählte Objekt wird dann auf dem Device des Nutzers an einer bestimmten GPS-Position erzeugt. An dieser Stelle wird es auch für alle anderen Benutzer der App sichtbar.

Mit Hilfe von layAR laden Nutzer ihre eigenen Bilder und Modelle hoch und machen die Inhalte an einem Ort ihrer Wahl sichtbar. Für eine optimierte Darstellung werden die Visualisierungen vorher in einem Bildbearbeitungsprogramm wie Photoshop freigestellt.

Damit können Kunden, Nutzer und Leser zu user-generated Content animiert und Crowdsourcing-Prozesse initiiert werden, die sich sicherlich positiv auf das Image des organisierenden Unternehmens auswirken.[6]

In Zukunftsszenarien wird schon von der ‚Augmented City' geredet. Jede urbane Freifläche kann dann zum Display für personalisiertes Marketing werden. Die passenden Informationen dafür geben Nutzer mehr oder weniger freiwillig über ihr Smartphone oder sonstige Transponder preis. Wird das dann eine schöne neue Welt oder nur visuelle Umweltverschmutzung?

Die unterschiedlichen Anwendungsbeispiele zeigen, wie viele spannende Nutzungsansätze es für AR-Technologien gibt und dass die Nutzung sich gerade erst verbreitet. Natürlich sollte jeder auch hier immer darauf achten, seine Persönlichkeitsrechte zu schützen. Aber durch den Einsatz in bekannten Printmedien wird die Akzeptanz für diese Technologie entscheidend wachsen und bald alltäglich werden.

Über die Autorin
MARION BLACHER-SCHWAKE

Marion Blacher-Schwake (M. A., Dipl.-Des.)
Unternehmensberaterin, Dozentin & Bloggerin
Wöhlertstr. 10c, 10115 Berlin
fon: 0172-8975703
kommunikation@artdock.de
www.augmented-blog.de
www.artdock.de

Akademische Ausbildung:
2000 Universität der Künste Berlin, Studiengang Industriedesign, Abschluss: Diplom.
2009 Universität der Künste Berlin und Universität St. Gallen Schweiz, Studiengang Leadership in digitaler Kommunikation, Abschluss: Master of Arts.

Berufliche Stationen:
Seit 2000 selbstständige Strategie- & Kommunikationsberaterin in Berlin. Referenzen:
Deutsche Kreditbank Berlin, DKB IT-Services GmbH, Maritim Hotelgesellschaft mbh, Bundesministerium für Wirtschaft und Technologie Berlin, B4recruiting Unternehmensberatung, Bundespresseamt, SBS Wirtschaftsberatung Berlin, Comdirect Bank AG, Rosental GbR u.v.m..

Seit 2011 Dozentin für Online & Mobile Marketing in Berlin (HTW, HMKW, HWR) und Wolfsburg (Ostfalia).

Arbeits- und Forschungsschwerpunkte:
Strategie- und Kommunikationsberatung. Schwerpunkte: Online-Kommunikation und -Marketing, Mobile Marketing, Augmented Reality, Medienkonvergenz, Social TV.
Lehrveranstaltungen:
Online Marketing, Mobile Marketing, Online und mobile Strategien.

Fußnoten & Quellenverzeichnis

1 Vgl. Axel Springer Mediapilot: Aktuelle Angebote WELT-Gruppe. http://www.axelspringer-mediapilot.de/artikel/DIE-WELT-Aktuelle-Angebote-WELT-Gruppe_792060.html, Zugriff 3.8.2013.

2 Vgl. Augmented Blog: Innovatives und Informatives zu Augmented Reality, Medienkonvergenz und Social TV. http://www.augmented-blog.de, Zugriff 2.8.2013.

3 Vgl. Marwan, Peter: SAP und Vuzix stellen Datenbrille für Profis vor. http://www.itespresso.de/2013/05/14/sap-und-vuzix-stellen-datenbrille-fur-profis-vor/, Zugriff 10.8.2013.

4 Vgl. http://playeevoo.com/de/, Zugriff 15.8.2013.

5 Vgl. http://onvert.com, Zugriff 5.8.2013.

6 Vgl. http://www.layar.com, Zugriff 8.8.2013.

Beitragsbild

(@ Google) Google Glass bei Google+. https://plus.google.com/photos/111626127367496192147/albums/5846974740645068001, Zugriff 2.8.2013.

MAKE WINE - NOT WAR
NEURONALES MARKETING IN ZEICHEN DES AUFRUHRS

von Lars Borchert

38

Libanon, September 1984. Schon seit fast einem Jahrzehnt kämpfen die Nationale Bewegung und die Libanesische Front gegeneinander. Zweimal ist die israelische Armee in das Land einmarschiert, zuvor kam es bereits zu syrischen Interventionen. 20.000 ausländische Soldaten haben in den libanesischen Bürgerkrieg eingegriffen, um die Interessen ihrer eigenen Nationen zu wahren. Große Teile Beiruts liegen in Schutt und Asche – das ganze Land ist im Chaos versunken. Derweil ist Serge Hochar damit beschäftigt, seine Ernte einzufahren. Kein Weg ist dem Winzer zu weit, kein Mittel zu abwegig, um seine Reben zu seinem Weingut Château Musar zu bringen. Seit fast 30 Jahren macht er Weine. Jetzt ist wieder Erntezeit und die Hochebene zwischen den Gebirgszügen Liban und Antiliban – ein Ort, an dem schon seit zwei Jahrtausenden Wein angebaut wird – ein einziger Kriegsschauplatz. Angesichts der Spätsommerhitze muss Hochar seine Ernte möglichst schnell einbringen, damit sie ihm nicht verdirbt. Zwei Jahrgänge hat er schon verloren. Ohnehin steht er durch die fatale politische und wirtschaftliche Situation seines Landes vor der Frage, wie er sein Weingut in die Zukunft führen kann: Der weitaus größte Teil seiner bisherigen Abnehmer, die Libanesen, hat sich angesichts des Bürgerkriegs fast vollends vom Wein abgewendet und ist dazu übergegangen, Arrak zu trinken. Dieser Anisschnaps ist günstiger und lässt die Menschen die ständigen Bedrohungen schneller vergessen. Das bedeutet für Hochar, dass er Alternativen finden muss.

„Was habe ich also gemacht? Es blieb mir nur der Weg über den Export", erzählt er fast 30 Jahre später in seinem Büro in einem Geschäftshaus in Beirut, das in einer der nobleren Gegenden der Millionenmetropole gelegen ist. Und während ein Lächeln über sein Gesicht zieht, leuchten seine Augen spitzbübisch.
Der 73-Jährige hat allen Grund, zufrieden zu sein. Denn es ist ihm über die Jahrzehnte – trotz des Krieges und obwohl kaum jemandem in der westlichen Welt, damals wie heute, der Libanon als Erzeugerland

feiner Weine ein Begriff war – tatsächlich gelungen, einer der renommiertesten Winzer der Welt zu werden. In vielen Ländern, so auch in Deutschland, wird er als der Grandseigneur von Weinen aus dem Nahen Osten gefeiert.

Wie hat er das geschafft? Durch ein sehr geschicktes Neuronales Marketing; ohne damals überhaupt zu wissen, was das ist. Ohnehin existierte dieser Begriff Mitte der 1980er Jahre noch gar nicht. Und heute ist er zwischen all den anderen Strategien wie Digitales Marketing, Social Media Marketing, Guerilla Marketing, 1:1-Marketing, Customer Channeled Marketing nach wie vor einer der nebulösesten.
Dabei ist das Neuronale Marketing fast schon eine Wunderwaffe. Der Aspekt „neuronal" bezieht sich auf die Gehirnfunktionen der Menschen: Darauf, wie wir denken, uns erinnern und, vor allem, wie wir Entscheidungen treffen. Das geschieht unter anderem durch neue Verknüpfungen von Zellen in unserem Gehirn.

Die ersten, die unsere Synapsen im Gehirn aktiv beeinflussen, sind unsere Eltern. Später folgen Freunde, Schulen und andere Ausbildungsstätten. Im Prinzip können aber jegliche Form von Gespräch, die Literatur, die darstellende Kunst oder Medien diese Aufgabe übernehmen. Was immer wir tun, was und wie wir etwas erleben, fühlen und bewerten, all das formt unser Gehirn. Jede sinnliche Erfahrung erzeugt neue neuronale Muster.

Darauf baut Neuronales Marketing auf. Bereits vor einigen Jahren beschrieb das Center for Economics and Neuroscience an der Universität Bonn zwei zentrale Aspekte dieser Marketing-Variante: Demnach bedient sich das Neuronale Marketing einerseits des in der Gehirnforschung als „emotional shock" bezeichneten Zustandes eines emotionalen Erschreckens. Dazu zählen Aufmerksamkeit, Überraschung und Freude genauso wie Entsetzen oder Abscheu.

Andererseits bezieht es sich auf das sinnliche Erleben. Je intensiver unsere Sinneseindrücke – dazu gehören Sehen, Hören, Riechen, Schmecken und Fühlen – sind, desto prägnanter und intensiver ist die Erinnerung daran. Und umso unvergesslicher wird das, was mit diesem Moment verbunden ist.

Genau diese Schnittstelle hat Serge Hochar damals bedient, als er begann, seine Weine in Europa, Nordamerika und Asien zu vermarkten: Einerseits ließ er sie von den Menschen – wie ohnehin üblich – verkosten. Sprich, er sprach ihre Sinne (Sehen, Riechen, Schmecken, Fühlen) an. Das alleine lässt sich natürlich noch nicht als Neuronales Marketing bezeichnen. Zugleich aber schilderte er den Menschen bei diesen Anlässen, unter welch widrigen Umständen seine edlen Tropfen entstanden – und rief damit bei ihnen den „emotional shock" hervor. So legte er neue neuronale Spuren in ihrem Gehirn. Und grub sich tief in ihr Gedächtnis.

Den sehr eigenen Charakter seiner Weine könnte man als zusätzlichen Marketingaspekt verstehen. Insbesondere stechen hier zwei Eigenschaften hervor: „Meine Weißen sind meine Roten", betont Hochar immer. Im Klartext heißt das, man trinkt seine Weißweine nicht gekühlt, sondern temperiert und aus großen, bauchigen Rotweingläsern. Bei Blindverkostungen stufte sie tatsächlich schon mancher Experte als Rotweine ein. Außerdem werden die abgefüllten Flaschen – egal, ob rot oder weiß – erst nach sieben, acht Jahren auf den Markt gebracht, und man sollte sie frühestens nach 15 Jahren trinken. Denn ein zu früh geöffneter Château Musar wirkt nicht im klassischen Sinne zu jung, sondern vor allem auf Unerfahrene geradezu fehlerhaft. Töne von Nagellackentferner machen deutlich, dass hier flüchtige Säure im Spiel ist, und auch eine gute Portion Pferdestall bzw. Brettanomyces, eine eigentlich unerwünschte Hefe. Daher gibt es Kenner, die seine Weine – obwohl sie Weltklasseformat haben – verachten. „Nichts

anderes als Pferdepisse hat man im Glas", schimpft ein anderer Winzer. „Die flüchtige Säure ist ein Anfängerfehler. Aber er verkauft sie als Qualitätsmerkmal. Das ist plumpes Marketing."

Und genau das ist die Frage! Ist diese Entscheidung, überaus eigensinnige Weine zu kreieren, ein plumpes oder ein überaus geschicktes und auf seine Weise vielleicht sogar Neuronales Marketing?

Geht man von den traditionellen Marketingregeln aus, muss man so vielen potenziellen Käufern wie möglich in gleicher Art und Weise sympathisch sein, damit sie das angebotene Produkt honorieren, es also kaufen bzw. dem Angebot vertrauen und es in Zukunft kaufen. Folgt man dieser traditionellen Linie, so ist permanente Präsenz ebenfalls Voraussetzung für erfolgreiches Marketing. Das gleiche gilt für Werbung und Kommunikation. ‚Einmal ist keinmal' lautete die Faustregel früher fast schon dogmenartig – und war bzw. ist auch sicherlich nicht falsch. Aber: Laut den Untersuchungen des Center for Economics and Neuroscience an der Universität Bonn kommt es im Neuronalen Marketing mehr auf Intensität an als auf ununterbrochene Präsenz. Dort gilt, dass der große Knall mit Pauken und Trompeten oder das Überraschungserlebnis mindestens ebenso wirksam sind wie der stete Tropfen, der den Stein höhlt.

Serge Hochar hatte in den 1980er Jahren als weitgehend unbekannter Winzer aus einem fernen und krisengeschüttelten Land weder die Ressourcen noch die Möglichkeit, auf eine Marketingstrategie zu setzen, die auf Wiederholung abzielte. So zumindest zu Beginn. Er musste in den Menschen auf anderen Kontinenten das große Staunen auslösen, um mit seinen Weinen den Weg in ihr Langzeitgedächtnis zu finden. Erst nachdem er sich über einige Jahre hinweg langsam etabliert hatte, war es ihm möglich, eine kontinuierliche, stete Erinnerung aufzubauen. Dies tat er (wie auf der ganzen Welt in dieser Branche üblich), indem er die neu gewonnenen Kunden und neuen Interessenten Jahr für Jahr besuchte, seine neuen Jahrgänge mit ihnen verkostete und so mit ihnen in Kontakt blieb.

Aber Neuronales Marketing steuert nicht nur einen Teil unseres individuellen Entscheidungs- und Handlungsimpulses, indem es gezielt neue Synapsen knüpft. Richtig umgesetzt spricht es auch das Belohnungszentrum im menschlichen Vorderhirn, den Nucleus Accumbens, an. Wird diese Region stimuliert, löst dies ein Gefühl des Habenwollens aus, bei dessen Erfüllung ein Glücksgefühl als Belohnung in Aussicht steht.

Was darunter genau zu verstehen ist, erklärten Samuel McClure und seine Kollegen vom Baylor College of Medicine in Houston, USA, mit dem mittlerweile legendären Coca-Cola- bzw. Pepsi-Test. Dabei setzten sie Probanden zwei Getränke vor: Pepsi-Cola und Coca-Cola – ohne dass diese wussten, welche der beiden Marken sich in welchem Glas befand. Da Coca-Cola und Pepsi-Cola chemisch gesehen sehr ähnlich seien, eigneten sich die beiden Softdrinks hervorragend für eine Untersuchung dieses Phänomens, schrieben die Wissenschaftler in der Fachzeitschrift „Neuron". Das Ergebnis: Die Mehrheit zog geschmacklich Pepsi-Cola vor. Doch sobald sie die jeweilige Marke erfuhren, war prompt Coca-Cola beliebter. Interessanterweise handelte es sich dabei um keine „aktive" Umentscheidung: Die Messungen der Gehirnströme hatten bei dem Test nämlich eindeutig gezeigt, dass Pepsi-Cola beim Trinken im ersten Durchgang den Nucleus Accumbens stärker ansprach. Sobald die Probanden jedoch den Namen der Marke erfuhren, schlug das Belohnungszentrum bei Coca-Cola heftiger an. Die Probanden hatten also nicht gelogen oder bewusst ihre Meinung geändert, sondern von ihren Hirnen unterschiedliche Informationen zu demselben Getränk bekommen.
Quintessenz dieses Tests ist, dass ein Hersteller seine Produkte – und

damit auch die Marke dahinter – mit Reizen aufladen muss, die bei den Konsumenten starke positive Gefühle sowie ein ganz klares „Ich will das haben" auslösen. Daher lautet die Herausforderung: Wie mache ich aus meinem Produkt und meiner Marke eine „Lovemark"? Sprich: Wie löse ich bei meiner Zielgruppe positive Emotionen aus, wie stimuliere ich die nötige Hormonproduktion, die sie zum Kauf animiert? Den Machern von Coca-Cola ist dies ganz offensichtlich über ihre Werbungs- und Marketingstrategie besser als anderen gelungen – sie haben es geschafft, dass allein schon die bloße Erwähnung des Markennamens endogene Hormone ausschüttet, die die Bildung von neuronalen Schaltungen im Gehirn extrem beschleunigt.

Auf seine Weise ist dies auch Serge Hochar geglückt. Obwohl es fast einem Sakrileg gleichkommt, ein Kulturgut wie Wein mit überzuckerten Limonaden auf eine Stufe zu stellen, lohnt der Vergleich. Hochar schickte in den 1980er Jahren eben nicht nur einen Exportmanager auf Reisen, damit er seine Weine zur Verkostung anbietet. Sondern er machte sich auch immer wieder selbst die Mühe, Klinken zu putzen und seine Weine zu präsentieren – und die sinnliche Erfahrung des Verkostens mit ihrer besonderen Entstehungsgeschichte zu verbinden. Neben ihrem außergewöhnlichen Geschmack hat er seinen Weinen einige seiner starken Charaktereigenschaften verliehen: seine Ausdauer, seinen Mut, seine Kompromisslosigkeit, seine Spitzfindigkeit und, last but not least, seinen Willen, sich durch nichts und niemanden vom Weg abbringen zu lassen. Mit Erfolg, diese Strategie ist aufgegangen.

Über den Autor
LARS BORCHERT

Lars Borchert ist freier Journalist, Texter und Autor – und seit neu-estem auch Wein-Vagabund.

Seine journalistische Laufbahn begann er in Argentinien bei einem Lokalradiosender. Im Jahr 2001 machte er ein Volontariat bei der Reuters und war dort zwei Jahre als Redakteur angestellt, bevor er sich vor zehn Jahren entschloss freiberuflicher Journalist zu wer-den. Zu seinen Kunden zählen zahlreiche Print- sowie Online-Publi-kationen und Verlage, u.a. GQ, Frankfurter Rundschau, FTD, Platts/ Pearson, Tagesspiegel, Tre Torri Verlag, Verlagsgruppe Handels-blatt. Zugleich ist er für Agenturen vornehmlich im Finanz- und Politikbereich (AM Communications, A&B One, ergo Unterneh-menskommunikation, Meta Design, Serviceplan) tätig – und er pro-duziert Hörfunkbeiträge (WDR, MDR, FM La Tribu).

Bei einer Reise durch den Libanon stellte er fest, dass im span-nungsgeladenen Nahen Osten auch Weine angebaut werden. Und zwar sehr hervorragende! Daher schrieb er anschließend für ein renommiertes Wein- und Reisemagazin über das Land, seine Win-zer und seine Weine. Bei den Recherchen erkannte er das große Potenzial dieses Themas: Weine aus Ländern, die die Menschen in Deutschland kaum oder gar nicht kennen. So entstand das Wein-Webjournal wein-vagabund.

SOCIAL MEDIA MONITORING
GUTE ZUHÖRER SIND DIE BESTEN GESPRÄCHSPARTNER

von Andreas Köster

Das Social Web besteht aus Gesprächen zwischen Menschen. Unternehmen, Marken und Produkte sind Teil und Thema dieser Gespräche. Da immer mehr Menschen immer mehr Zeit im Social Web verbringen, haben Unternehmen ein verstärktes Interesse daran, mehr über die Inhalte dieser Konversationen zu erfahren. Aufmerksames „Zuhören" ist Grundvoraussetzung für eine zielgerichtete Teilnahme an Gesprächen. Für beides ist ein Social Media Monitoring notwendig – doch viele kleine und mittelständische Unternehmen unterschätzen die Komplexität des Themas und die Bedeutung für die Wirtschaftskommunikation.

Das Social Web als Mega-Trend

Das partizipative Web, in denen die Inhalte von allen Teilnehmern erstellt, geteilt und verändert werden, ist mit Sicherheit kein temporäres Phänomen. Vielmehr handelt es sich um eine langfristige Entwicklung, die sich in Zukunft noch weiter verstärken wird. Sie wird auf immer mehr Branchen, Geschäftsmodelle und damit Unternehmen erhebliche Auswirkungen haben und dementsprechend weitreichende Veränderungen mit sich bringen. Grund dafür ist schlicht die immer intensivere Nutzung dieser Kommunikationskanäle. Laut „ARD/ZDF Onlinestudie" sind bereits heute nahezu die Hälfte aller deutschsprachigen Onlinenutzer ab 14 Jahren aktiv in Social Media Anwendungen wie Facebook, Youtube und Twitter, aber auch Wikipedia oder Blogs. Die Reputation sowie das Image von Marken und Unternehmen entstehen zunehmend im Social Web.

Eine für die Gesamtwirtschaft repräsentative Studie des Branchenverbands BITKOM belegt, dass große Teile der Wirtschaft die Entwicklung erkannt haben und entsprechend handeln: Fast die Hälfte (47 Prozent) aller Unternehmen in Deutschland setzt Social Media bereits aktiv in der Kommunikation ein und weitere 15 Prozent haben konkrete Pläne, damit in Kürze zu beginnen. Das bedeutet jedoch auch, dass sich noch immer viele Unternehmen, insbesondere kleine und mittelständische, den Entwicklungen des Social Web verschließen. Dabei liegen hier mindestens genau so große Potenziale, wie für die Großen. Insbesondere für Online Händler ist die Kommunikation im Social Web geschäftsentscheidend. Bevor ein Unternehmen jedoch seine Kommunikation entsprechend aufstellen kann, sind diverse Zwischenschritte zu gehen. Nur ein Unternehmen, das sich im Social Web auskennt, Themen und Stolperfallen kennt, wird sich zielgerichtet darin bewegen können. Voraussetzung für Kommunikation:

Zuhören und verstehen

Ohne vorher zugehört zu haben, sollte man nicht in die Gespräche anderer hineinreden. Als erstes sollten Unternehmen daher den Konversationen im Social Web zuhören, was als passive Handlung noch keinerlei Risiken birgt. Ein systematisches Social Media Monitoring ist aufschlussreich, da es sichtbar macht, wo und wie über das Unternehmen und seine Produkte gesprochen wird. Es zeigt auch auf, welche Themen besonders positiv oder negativ (Krisenthemen) diskutiert werden und welche User dabei als Meinungsmacher eine besonders wichtige Rolle spielen. Zudem wird ersichtlich, welche Plattformen für unternehmensrelevante Themen besonders wichtig sind. Neben den großen Netzwerken wie Facebook, Twitter, Youtube und Google+ sind dies häufig Frage-und-Antwort-Portale, spezielle Foren oder auch private Blogs. Hier werden Erlebnisberichte verbreitet, entstehen Gerüchte und werden Kaufempfehlungen ausgesprochen. Unternehmen lernen so, wo und wie ihre bestehenden beziehungsweise potenziellen Kunden diskutieren.

Genauso können sie natürlich auch die Gespräche über ihre Wettbewerber beobachten. Das ist unter anderem deshalb interessant, da User häufig direkte Vergleiche zwischen unterschiedlichen Produkten anstellen und praxisnahe Erlebnisberichte häufig von anderen geteilt und verbreitet werden. Die direkten Reaktionen auf Marketingaktivitäten, Produkteinführungen oder auch negative Schlagzeilen der Wettbewerber lassen sich ebenso beobachten, wie für das eigene Unternehmen.

Doch wie kann dieses Zuhören in die Praxis umgesetzt werden? Entscheidend ist im Monitoring erstens, die richtigen Fragen zu stellen, und zweitens die Ergebnisse richtig zu interpretieren.

Die richtigen Fragen stellen

Zunächst definiert das Unternehmen, idealer Weise zusammen mit einem spezialisierten Monitoring-Anbieter, die relevanten Sprachräume, die durchsucht werden sollen. Anschließend geht es an die Erarbeitung von Themenbereichen und den Einzelthemen, zu denen Beiträge aus dem Social Web gefunden werden sollen. Hier sind häufig mehrere Unternehmensabteilungen involviert, da beispielsweise das Marketing ganz andere Fragen hat als die PR- oder die Personalabteilung. Während die Personalabteilung interessiert, wie das Unternehmen als Arbeitgeber besprochen wird, möchte die PR-Abteilung wissen, welche kritischen Themen auf Kundenseite aufkommen. Dagegen möchte die Marketing-Abteilung beispielsweise ihren Kampagnenerfolg analysieren oder die Weiterempfehlungsrate bei den eigenen Konsumenten messen.

Der Monitoring-Anbieter unterstützt bei der Definition der zu beobachtenden Themen und erstellt darauf aufbauend die passenden Suchbegriffe. Dies sind komplexe Suchbefehle, welche die genau passenden

Beiträge aus den gigantischen Datenmengen des Social Web filtern. An dieser Stelle wird deutlich, wie komplex ein systematisches Monitoring ist. Im Gegensatz zu kostenlosen Monitoring-Tools oder „Google Alerts", die lediglich mehr oder weniger zufällig auf einzelne Beiträge aufmerksam machen, entstehen hier große Mengen qualitativ hochwertiger Daten.

Die Ergebnisse richtig interpretieren

Wie verändert sich die Tonalität in einzelnen Themen? Welche User sind Meinungsmacher und welche Plattformen sind die entscheidenden für das Unternehmen? Für eine handlungsleitende Analyse und Interpretation der Monitoring Ergebnisse bedarf es an Erfahrung in der Branche sowie im Social Web allgemein. Wichtig bei der Interpretation ist immer der relative Wettbewerbsvergleich, da unterschiedliche Branchen deutliche Eigenheiten in der allgemeinen Diskussion aufweisen. Beispielsweise wird im B-to-C Bereich deutlich mehr und emotionaler diskutiert als im B-to-B Bereich. Zusätzlich weist jede Produktsparte eine eigene „Gesprächskultur" auf, die bei der Analyse berücksichtigt werden müssen. Letztlich werden so aus Daten verwertbare Informationen gewonnen.

Damit das Unternehmen als Ganzes von diesen Informationen profitieren kann, sollten diese möglichst umfassend verfügbar gemacht werden. Es ist nicht optimal, wenn lediglich eine Hand voll Mitarbeiter Einblick in das Monitoring hat. Angepasst an die Unternehmensstruktur sollte vielmehr jede interessierte Abteilung Zugang zu diesem Wissen durch direkten Online-Zugriff auf das Monitoring Tool und verdichtete Reports haben. „Interne Kommunikation" ist hier das Zauberwort. Erst wenn im gesamten Unternehmen Wissen um die Diskussionen im Social Web entstanden ist, sollte es weitere Schritte gehen.

Aktive Teilnahme

Nachdem das Unternehmen gelernt hat, aufmerksam zuzuhören, kann es im nächsten Schritt selbst zur Diskussion beitragen. Beispielsweise mit einer Facebook-Seite, um sich als attraktiver Arbeitgeber dem öffentlichen Dialog mit Bewerbern zu öffnen. Oder mit einem Forum, um seinen Kundensupport zu verbessern. Selbstverständlich werden diese eigenen Kanäle in das fortlaufende Monitoring integriert und können darüber entsprechend ausgewertet werden.

Sobald ein Unternehmen seine Plattformen parallel mit mehreren Mitarbeitern bespielen möchte, werden auch für die aktive Teilnahme technische Tools notwendig. Ein gutes Interaktions-Tool bietet dabei ein variables Rechte-Modell für die Mitarbeiter („Social-Media-Agents"), einen übersichtlichen Gesprächsverlauf, eine Archivfunktion für alle Beiträge, sowie über einen Redaktionsplan, um eigene Inhalte zielgerichtet aussteuern zu können. Eine Auswertungsfunktion aller Konversationen erlaubt es schließlich, die eigene Performance im Social Web zu analysieren: Die Inhalte und Tonalität der Anfragen, die durchschnittliche Antwortzeit und das Feedback der User geben ein fundiertes Bild davon, wie gut sich das Unternehmen als Gesprächspartner im Social Web schlägt.

Unternehmen, die auch im Social Web gute Zuhörer sind, werden die umfassenden Veränderungen durch das Social Web gewinnbringend nutzen können – wenn sie sich auch als kompetente Gesprächspartner erweisen. Dabei sollten sie die Komplexität des Monitoring bei der Definition der Themen und der Interpretation der Ergebnisse nicht unterschätzen, sondern diese Schritte genau planen. Insbesondere kleine und mittelständische Unternehmen haben dabei in der Breite noch Nachholbedarf, was sich in einzelnen Branchen jedoch auch als potenzieller Wettbewerbsvorteil ausnutzen lässt.

Über den Autor
ANDREAS KÖSTER

Andreas Köster (M.A.) ist bei der BIG Social Media GmbH als Berater im Bereich Social Media Management tätig. Neben der Erarbeitung und Analyse von KPI beschäftigt er sich u. a. mit der Messung und Analyse von Social Media Shitstorms.

Zuvor studierte er Wirtschaftskommunikation an der Hochschule für Technik und Wirtschaft (HTW) Berlin. Dort war er auch mehrere Jahre erster Vorstandsvorsitzender des Vereins zur Förderung der Wirtschaftskommunikation, nachdem er 2008 den Deutschen Preis für Wirtschaftskommunikation als Projektkoordinator begleitet hatte.

Derzeit ist Köster zudem Gast-Dozent für Social Customer Relationship Management an der Hochschule Aalen.

EINBLICKE IN DIE INTERKULTURELLE WIRTSCHAFTSKOMMUNIKATION

von Dr. Claude-Hélène Mayer

Die Kommunikation zum Zwecke der wirtschaftlichen Interaktion hat die Entwicklung der Menschen in den vergangenen Jahrtausenden wesentlich beeinflusst. Gleichzeitig ist die Wirtschaftskommunikation sozial, individuell, regional, kulturell, national und global geprägt. Besonders im letzten Jahrhundert haben sich die wirtschaftlichen Beziehungen zwischen Menschen unterschiedlicher Kulturen und Regionen verstärkt. Entsprechend sind der Bedarf an einer gelungenen interkulturellen Wirtschaftskommunikation und das Potenzial einer konflikthaften interkulturellen Interaktion gestiegen.[1] Gleichzeitig gibt es immer wieder neue Ansätze, um interkulturelle Wirtschaftskommunikation auf eine interkulturell kompetente, zeitgemäße und gesundheitsfördernde Weise zu gestalten.[2]

Nach Bolten bezieht sich die interkulturelle Wirtschaftskommunikation (IWK) auf

„wirtschaftsbezogenes kommunikatives Handeln zwischen Interaktionsteilnehmern mit unterschiedlicher kultureller Herkunft. Handlungsfelder, in denen kulturelle Differenzen von besonders großer Tragweite sein können, sind unter anderem die Bereiche Führung und Organisation, Marketingkommunikation und interne Unternehmenskommunikation. Hierauf konzentriert sich im Wesentlichen auch das Augenmerk der interkulturellen Wirtschaftskommunikationsforschung. Fragestellungen der Forschung beziehen sich u.a. auf die lingua-franca-Verwendung in internationalen Unternehmen, auf Probleme des Terminologiemanagements und der (technischen) Übersetzung oder auch auf Aspekte der internationalen Standardisierbarkeit von Produkten interner und externer Unternehmenskommunikation (z.B. Werbung, Geschäftsberichte, Unternehmensleitlinien).“[3]

In den vergangenen Jahren sind sowohl Fragen eines internationalen und interkulturellen Gesundheitsmanagements hinzugekommen als auch Aspekte interkulturell kompetenter systemischer Führung, Organisation, Entwicklung und Beratung vermehrt aufgegriffen worden.[4] In diesem Zusammenhang sind Management- und Trainingsbücher zur interkulturellen Wirtschaftskommunikation entstanden, die wichtige Teilbereiche davon aufgreifen.[5]

Dass die Wirtschaftskommunikation und ihr Erfolg oftmals an (inter-) kulturelle Kompetenzen gebunden ist, hat Robert Picht bereits 1987 erkannt: Bei der schärfer werdenden internationalen Konkurrenz kann nur der wirtschaftlich erfolgreich sein, der in der Lage ist, Kultur und Affekte der Kunden, Partner und Rivalen zu erfassen und sie mit den eigenen Interessen zu vermitteln.“[6] Ein Vierteljahrhundert später scheint die Wichtigkeit interkultureller Kompetenzen in der Praxis einiger international agierender Führungskräfte und Organisationen bereits selbstverständlich zu sein und zum alltäglichen Geschäft zu gehören.[7] Dennoch gibt es immer noch starke Herausforderungen und Verbesserungsmöglichkeiten.[8]

Ziel dieses Artikels ist es, einen Einblick in ausgewählte Aspekte interkultureller Wirtschaftskommunikation zu vermitteln, angefangen bei der Entwicklung der Disziplin über die Wichtigkeit der Bestimmung eines geeigneten Kulturkonzeptes bis hin zur Bedeutung interkultureller Kompetenzen in der interkulturellen Wirtschaftskommunikation. Abschließend wird ein Ausblick auf die interkulturelle bzw. transkulturelle Wirtschaftskommunikation der Zukunft gegeben.

Die Entwicklung der interkulturellen Wirtschaftskommunikation

Die interkulturelle Wirtschaftskommunikation ist im deutschen Kontext zum ersten Mal Ende der 1980er Jahre als ein eigenständiges

Forschungsgebiet bezeichnet worden.[9] Jedoch gab es bereits wesentlich früher – in den 1920er/1930er Jahren – erste Ansätze der interkulturellen Wirtschaftskommunikation, die sich auf die sogenannte wirtschaftssprachlich-nationenwissenschaftliche Forschung bzw. Wirtschaftsgermanistik und -linguistik sowie auf die Volkswirtschaftslehre bezogen.[10] Zu dieser Zeit wurde durch die stetig wachsende Internationalisierung der Wirtschaftsbeziehungen deutlich, dass für eine gelungene Interaktion im Wirtschaftsbereich Fremdsprachen- sowie kulturbezogene Kenntnisse wichtig sind, um die Gedanken und Handlungen des Gegenübers nachvollziehen und einschätzen zu können.[11]

Nach Bolten entwickelte sich die interkulturelle Wirtschaftskommunikation aus verschiedenen wissenschaftlichen Quellen.[12] Sie entstand zunächst aus der Fremdsprachendidaktik/-methodik, die von einer Grammatik- und Übersetzungsmethodik in einen interaktiv-interkulturellen Wirtschaftskommunikationsunterricht überging, während sich die Wirtschaftsgermanistik in Richtung einer interkulturellen Fachtextpragmatik entfaltete. Parallel dazu entwickelte sich aus der historischen Volkswirtschaftslehre eine interkulturelle Managementforschung, die sich aus der Außenhandelslehre und dem kulturvergleichenden Management speiste.

Gegenwärtig hat sich die interkulturelle Wirtschaftskommunikation als ein eigenständiges Fach etabliert, das unter anderem auf Ansätze der Arbeits- und Organisationspsychologie, der Kulturpsychologie, der interkulturellen Sozialpsychologie, der Kommunikationswissenschaften, aber auch auf die Wirtschaftsethnologie und andere Sozial-, Kultur- und Geisteswissenschaften zurückgreift. Die interkulturelle Wirtschaftskommunikation ist damit als ein Fach anzusehen, das auf Grundkenntnissen unterschiedlicher wissenschaftlicher Disziplinen aufbaut und somit interkulturell und interdisziplinär angesiedelt ist.[13]

Das Thema Kultur in der Wirtschaftskommunikation

Das Konzept Kultur ist in den vergangenen Jahrzehnten disziplinenübergreifend und vielfältig definiert und diskutiert worden. In Bezug auf die Wirtschaftskommunikation gilt dies in gleicher Weise. Kultur kann als ein Bedeutungsgewebe angesehen werden, das wie ein Text verstanden wird. Es ist ein Gewebe aus Symbolsystemen, Religionen, Ideologien, Kunst und Wissenschaft, das sinnstiftend ist und ein Orientierungssystem bietet.[14]

Aus der Perspektive der Kulturwissenschaften können vor allem zwei Ansätze zur Unterscheidung von Kulturen hervorgehoben werden:[15] der Makro- und der Mikro-Level-Ansatz. Im Makro-Level-Ansatz wird von objektivierenden Studien von Kultur ausgegangen, während beim Mikro-Level-Ansatz davon ausgegangen wird, dass Kulturen interpretativ und intersubjektiv studiert werden sollten.

Zu den Makro-Level-Kulturstudien zählen bekannte Beispiele wie die Studien von Hofstede, Hall und Hall, Trompenaars und Hampden-Turner oder House, Hanges, Javidan und Gupta.[16] In diesen Studien geht es darum, kulturelle Dimensionen zu entwickeln, die dabei behilflich sind, Kulturen zu klassifizieren und in kultur-kontrastive Muster zu unterteilen, wie beispielsweise in bestimmte Konzepte und Herangehensweisen zu Hierarchien, Zeit, Individualismus, Kollektivismus und anderen. Diese Studien vergleichen unterschiedliche Kulturen auf der Basis kultureller Dimensionen miteinander und dienen entsprechend als Grundlage zur Konzeption einer kulturspezifischen, auf kulturellen Dimensionen beruhenden Kommunikation im Wirtschaftskontext.

Andere Konzepte, wie das der Kulturstandards[17], vergleichen nicht unterschiedliche Kulturen miteinander, sondern beziehen sich auf die Makro-Ebene der Kultur, indem sie spezifische Normen und Werte innerhalb einer Kultur festschreiben. In diesem Fall soll Kommunikation dann effektiv auf Grundlage von national ausgerichteten Kulturstandards betrieben werden. In diesen Makro-Ebene-Ansätzen wird Kultur als objektiv vorhanden und gegeben, im Prinzip als primordial und somit als objektiv und nach quantitativen Gesichtspunkten im positivistischen Forschungsparadigma verortet angesehen.

Die Studien auf Mikro-Ebene beziehen sich eher auf die Analyse spezifischer Forschungskontexte, die qualitativ und interpretativ ergründet werden.[18] Dabei wird Kultur als konstruiert und essenziell erschaffen wahrgenommen. Kultur wird so gesehen, als entstünde sie erst durch die Interaktion und das Zusammentreffen von Personen.[19] Entsprechend beziehen sich diese Studien auf einen essenziellen Kulturbegriff, der Kultur konstruktivistisch versteht und sie als ein Produkt bzw. Konstrukt von sozialer und kultureller Interaktion begreift. Kultur existiert somit nicht objektiv, sondern ist eine subjektive Konstruktion durch stattfindende Interaktion.

Studien zur interkulturellen Wirtschaftskommunikation können auf beiden kulturellen Ansätzen basieren. Meist scheinen sich jedoch aus Perspektive der Wirtschaftskommunikation Makro-Level-Studien anzubieten, da sie eher in der Lage, sind, Orientierung zu geben und Handlungsstrategien zu eröffnen. Beide Ansätze jedoch haben zum Ziel, die interkulturellen Kompetenzen in der interkulturellen Wirtschaftskommunikation zu fördern, kulturelles und interkulturelles Wissen zu vermitteln und Orientierung in interkulturellen Situationen und unterschiedlichen Kontexten zu geben. Entsprechend diesen Ansprüchen soll im Folgenden ein Blick auf die Wichtigkeit interkultureller Kompetenzen und ihre Förderung in der interkulturellen Wirtschaftskommunikation geworfen werden.

Interkulturelle Kompetenzen in der interkulturellen Wirtschaftskommunikation

Interkulturelle Denk- und Handlungsfelder sind besonders in den vergangenen Jahrzehnten zu einem wichtigen interdisziplinären Thema geworden. „Interkulturell" bedeutet „zwischen den Kulturen" und bezieht sich daher oftmals auf Situationen, in denen Menschen unterschiedlicher Kulturen zusammentreffen.[20] Dabei hängt es vom Kulturbegriff und vom dahinterliegenden Kulturkonzept ab, welche Formen von Kultur gemeint sind, wenn es sich beispielsweise um Individual-, Regional- oder Nationalkulturen handelt.

Unterschiedliche Kompetenzmodelle haben sich des Themas angenommen, wie Menschen in Bezug auf den Umgang mit verschiedenen Kulturen kompetent werden können.[21] Das interkulturelle Kompetenzmodell nach Bolten beispielsweise setzt sich aus klassischen Kompetenzen – Fachkompetenz, individuelle Kompetenz, soziale Kompetenz und strategische Kompetenz – zusammen.[22] Für Individuen, die im Feld der interkulturellen Wirtschaftskommunikation kompetent (inter-) agieren wollen, können diese von besonderer Relevanz sein:[23]

- Fachkompetenz (z.B. Wirtschaftswissen, Verhandlungs-, Gesprächsführungs- und Führungskompetenzen, berufliches (z.B. technisches) Fachwissen, ethisches Selbstverständnis)
- Individuelle Kompetenz (z.B. Fähigkeit zur Selbstkritik, Eigenmotivation, Selbstorganisation, kulturelle Selbstreflexion, Fähigkeit zur Führung, optimistische Grundhaltung)
- Soziale Kompetenz (z.B. Toleranz- und Empathiefähigkeit, kulturelle Fremdreflexion, Fähigkeit zur Metakommunikation, Teamfähigkeit)
- Strategische Kompetenz (z.B. Organisationsfähigkeiten, Problemlöse- und Entscheidungsfähigkeiten, Möglichkeit des Synergiedenkens, Hinzuziehen eines Dolmetschers bzw. Kulturdolmetschers)

- Sprachkompetenz (z.B. Sprachverständnis und Sprachausdruck, Kenntnisse der Arbeits- und Verkehrssprache, Kenntnis um die Bedeutungsfelder von Sprache in interkulturellen Zusammenhängen, Fremdsprachenfertigkeit)

Wichtig für die Entwicklung interkultureller Kompetenzen ist es insbesondere in der interkulturellen Wirtschaftskommunikation, auf einem Kulturbegriff aufzubauen, der essentialistisch angelegt ist und Kulturen als veränderbar, dynamisch und konstruierbar anerkennt.[24] Entsprechend eignet sich der Mikro-Level-Ansatz, um interkulturelle Kompetenzen im interkulturellen Kulturkontakt und in der interkulturellen Wirtschaftskommunikation zu optimieren und neue transkulturelle Kommunikationskulturen zu kreieren. Ist dies der Fall, können kulturelle Unterschiede angenommen, überwunden und rekonstruiert sowie lösungs-, system- und ressourcenorientiert gedacht werden.

Oftmals baut das Konzept der Interkulturalität im Wirtschaftskontext jedoch noch auf einem primordialen Kulturbegriff auf. Dann wird Kultur eher in Abgrenzung zu anderen Kulturen definiert und als exklusiv angesehen, anstatt dynamisch-integrativ zu sein. Wird dieses Kulturverständnis gewählt, können interkulturelle Kompetenzen lediglich dazu dienen, objektive Kulturen besser zu verstehen und entsprechend mit ihnen umzugehen. Sie dienen dann seltener dazu, neue Wirtschaftskommunikations- und Gesprächskulturen zu konstruieren, die eine nachhaltige, gesundheitsfördernde, zukunftsorientierte und transkulturelle Wirtschaftskultur jedoch langfristig benötigt.

Ausblick

Die interkulturelle Wirtschaftskommunikation der Zukunft wird sicherlich parallel zu den Makro-Level-Kulturansätzen auch verstärkt auf Mikro-Level-Kulturansätze zurückgreifen, um kontextuales Kulturwissen zu erschließen und um noch effektiver über kulturelle Grenzen hinweg kommunizieren zu können. Dabei wird es immer mehr darauf ankommen, in die Richtung eines transkulturellen Verständnisses[25] von interkultureller Wirtschaftskommunikation zu gehen, welches das Überschreiten konstruierter kultureller Grenzen durch Kommunikation und Interaktion zum Ziel hat. Nur so wird es möglich sein, neue kulturelle und wirtschaftliche Räume zu erschließen und diese aktiv und synergetisch mitzugestalten.

Über die Autorin
Dr. CLAUDE-HÉLÈNE MAYER

Dr. Claude-Héléne Mayer, Phd
Department of Industrial and Organisational Psychology, University of South Africa, Pretoria, South Africa
Lehrstuhl Sprachgebrauch und therapeutische Kommunikation, Kulturwissenschaftliche Fakultät, Europa-Universität Viadrina, Frankfurt/Oder, Germany

Mail: info@interkulturelle-mediation.de
www.pctm.de
Mail: info@pctm.de

Promotion in Ethnologie/Interkulturelle Didaktik (Universität Göttingen, Deutschland), Phd in Management (Rhodes University, Südafrika), Habilitation in Psychologie mit Schwerpunkt Arbeits-, Organisations- und Kulturpsychologie (Europa-Universität Viadrina, Frankfurt/Oder, Deutschland).
Von 2009 bis 2012 Professorin für Interkulturelle Wirtschaftskommunikation an der HAW, Hamburg, seit 2012 Visiting Professor im Department of Industrial and Organisational Psychology, University of South Africa, Pretoria, Südafrika, 2013 Distinguished Visiting Professor an der Rhodes University, Grahamstown, Südafrika.

Systemische (Familien-)Therapeutin (SG); Hypnosetherapeutin (TMI), Systemaufstellerin; Mediatorin und Ausbilderin (BM).

Forschungen:
Transkulturelles Konfliktmanagement und Mediation, Manageridentitäten, Gesundheit und Salutogenese in transkulturellen Organisationen, Frauen in Führungspositionen.

Fußnoten & Quellenverzeichnis

1 Vgl. Mayer, C.-H. (2011): The meaning of sense of coherence in transcultural management. Münster: Waxmann.

2 Vgl. Mayer, C.-H./Krause, C. (2011): Promoting mental health and salutogenesis in transcultural organisational and work contexts.In: Mayer, C.-H./Krause, C. (Hrsg.): International Review of Psychiatry, 23(6). S.495-500.

3 Bolten, J. (2006): Interkulturelle Wirtschaftskommunikation. In: Tsvasman, L.R. (Hrsg.): Das große Lexikon Medien und Kommunikation. Würzburg: Ergon, 167-170. S.167.

4 Vgl. Mayer, C.-H. (2012): Promoting intercultural competences in intercultural engineering. Die Förderung interkultureller Kompetenzen im interkulturellen technischen Management. In: Mahadevan, J./Mayer, C.-H. (Hrsg.): Intercultural Engineering, Special Issue, Interculture Journal (11)18: 17-26. http://www.interculture- journal.com/index.php/icj/article/view/167. Stand: 06.09.2013.
Mayer, C.-H./Boness, C.M. (2013a in press). Systemisches Denken als Grundlage salutogener Organisationsberatung. In: Mayer, C.H./Krause, C. (Hrsg.): Salutogenese in Beratung und Psychotherapie. Special Issue. Praxis Klinische Verhaltensmedizin und Rehabilitation.

5 Vgl. Mayer, C.-H./Boness, C.M. (2013b): Creating mental health across cultures. Coaching and training for managers. Lengerich: Pabst Publishers.

6 Picht, 1987. S.1.

7 Vgl. Mayer, C.-H. (2011): The meaning of sense of coherence in transcultural management. Münster: Waxmann.

8 Vgl. Bannenberg, A.-K. (2010): Die Bedeutung interkultureller Kommunikation in der Wirtschaft: theoretische und empirische Erforschung von Bedarf und Praxis der interkulturellen Personalentwicklung anhand einiger deutscher Großunternehmen der Automobil- und Zulieferindustrie. Doktorarbeit. Kassel: Kassel University Press.

9 Vgl. Schröder, H. (1993): Interkulturelle Fachkommunikationsforschung. Aspekte kultur- kontrastiver Untersuchungen schriftlicher Wirtschaftskommunikation. In: Bungarten, T. (Hrsg.): Fachsprachentheorie: FST. Bd. 1. Tostedt: Attikon. S.517-550.

10 Vgl. Messing, E. E.J. (1928): Methoden und Ergebnisse der wirtschaftssprachlichen Forschung. Utrecht: Verlag Kemink, sowie Levy, H. (1931): Sprache und Wirtschaftswissenschaft. In: Neuphilologische Monatszeitschrift 2: S.35-47.

11 Vgl. Bolten, J. (2005): Interkulturelle (Wirtschafts-) Kommunikation: „Fach" oder „Gegenstandsbereich"? Wirtschaftshistorische Entwicklungen und studienorganisatorische Perspektiven. In: Moosmüller, A. (Hrsg.): Interkulturelle Kommunikation. Konturen einer wissenschaftlichen Disziplin. Münster: Waxmann.

12 Bolten, J. (2006): Interkulturelle Wirtschaftskommunikation. In: Tsvasman, L.R. (Hrsg.): Das große Lexikon Medien und Kommunikation. Würzburg: Ergon, 167-170. S.167.

13 Vgl. Janich, N./Neuendorff, D. (2002): Verhandeln, kooperieren, werben. Beiträge zur interkulturellen Wirtschaftskommunikation. Tectum: Wiesbaden.
Straehle, J. (2003) (Hrsg.): Interkulturelle Mergers & Acquisitions. Eine interdisziplinäre Perspektive. Sternenfels: Wissenschaft & Praxis Dr. Brauner Gmbh.

14 Vgl. Geertz, C. (1987): Dichte Beschreibung. Beiträge zum Verstehen kultureller Systeme. Frankfurt: Suhrkamp.

15 Vgl. Mahadevan, J./Mayer, C.-H. (2012): Editorial. Vorwort der Gastherausgeberinnen. In: Mahadevan, J./Mayer, C.-H. (Hrsg.): Intercultural Engineering. Interkulturelle Ingenieursarbeit. Special Issue, Interculture Journal 18: S.5-16.

16 Vgl. Hofstede, G. (1980): Culture's Consequences. International Differences in Work Related Values. Beverly Hills: Sage.
Hofstede, G. (2006): What did GLOBE really measure? Researchers' minds versus respondents' minds. In: Journal of International Business Studies 37: S.882-896.
Hall, E. T./Hall, M. R. (1997): Understanding cultural differences. Yarmouth: Intercultural Press.
Trompenaars, F./Hampden-Turner, C. (1997): Riding the Waves of Culture. Understanding Cultural Diversity in Global Business. London: Nicholas Brealey oder
House, R./Hanges, P./Javidan, M./Gupta, V. (2004): Culture, Leadership, and Organizations. The GLOBE Study of 62 Societies. Thousand Oaks: Sage.

17 Vgl. Thomas 2003.

18 Vgl. Mahadevan, J./Mayer, C.-H. (2012): Editorial. Vorwort der Gastherausgeberinnen. In: Mahadevan, J./Mayer, C.-H. (Hrsg.): Intercultural Engineering. Interkulturelle Ingenieursarbeit. Special Issue, Interculture Journal 18: 5-16. http://www.interculture- journal.com/index.php/icj/article/view/166. Stand: 06.09.2013.

19 Vgl. Mayer, C.-H. (2013a): Kulturpsychologische und ethnologische Einsichten: Transkulturelle Mediation. In: Trenczek, T./Berning, D./Lenz, C.

(Hrsg.): Mediation und Konfliktmanagement. Baden-Baden: Nomos Verlag. S.86-91.
Mayer, C.-H. (2013b): Diversität – Gender – Kultur – Differenz: Vielfältige Herausforderungen in Konflikten. In: Trenczek, T./Berning, D./Lenz, C. (Hrsg.): Mediation und Konfliktmanagement. Baden-Baden: Nomos Verlag. S.92-98.

20 Vgl. Treichel, D./Mayer, C.-H. (2011) (Hrsg.): Lehrbuch Kultur. Lehr- und Lernmaterialien zur Vermittlung kultureller Kompetenzen. Münster: Waxmann.

21 Zum Beispiel Hinz-Rommel, W. (1994): Interkulturelle Kompetenz – Ein neues Anforderungsprofil für die Soziale Arbeit. Münster: Votum.
Hinz-Rommel, W. (1996): Interkulturelle Kompetenz und Qualität. In: IZA 3/4: S.20 oder
Koray, S. (2000): Interkulturelle Kompetenz – Annäherungen an den Begriff. In: Beauftragte der Bundesregierung für Ausländerfragen (Hrsg.) (2000c): Handbuch zum interkulturellen Arbeiten im Gesundheitsamt. Berlin, Bonn: Bundesregierung Beauftragte für Ausländerfragen. S.23-26.

22 & 23 Vgl. Bolten, J. (2003): Interkulturelle Kompetenz. 2. unveränderte Auflage. Thüringen: Landeszentrale für politische Bildung.

24 Vgl. Mayer, C.-H. (2006): Trainingshandbuch Interkulturelle Mediation und Konfliktlösung. Didaktische Materialien zum Kompetenzerwerb. Münster: Waxmann.

25 Nach Welsch, W. (1992): Transkulturalität – Lebensformen nach der Auflösung der Kulturen. In: Information Philosophie, 2: S.5-20.
Welsch, W. (2005): Transkulturelle Gesellschaften. In: Merz–Benz, P.-U. Wagner, G. (Hrsg.): Kultur in Zeiten der Globalisierung. Neue Aspekte einer soziologischen Kategorie. Frankfurt a. M: Humanities Online. S.39-67.

WAR FOR SENIOR TALENT?

DAS ALTERNDE UNTERNEHMEN - HERAUSFORDERUNGEN
UND CHANCEN DER GENERATIONELLEN VIELFALT

von Jens Schadendorf

I. Die alternde Gesellschaft

Der demografische Wandel

Die Zahlen sind eindeutig: Wir werden immer weniger, und wir werden immer älter. Wie dramatisch die demografische Entwicklung in Deutschland ist, belegen einige Zahlen:[1]

- Die Bevölkerung in Deutschland wird bis zum Jahre 2030 voraussichtlich um annähernd fünf Millionen Menschen auf insgesamt 77 Millionen schrumpfen. Das entspricht einem Rückgang von 5,7 Prozent gegenüber dem Jahr 2008.

- Ebenfalls bis zum Jahr 2030 werden in Deutschland voraussichtlich etwa 17 Prozent weniger Kinder und Jugendliche als heute leben. Zugleich wird die Anzahl der Personen im erwerbsfähigen Alter – also derjenigen zwischen 20 und 65 Jahren – um 7,5 Millionen zurückgehen, was einer Schrumpfung von ca. 15 Prozent entspricht. Außerdem wird die Gruppe der 65-Jährigen und Älteren voraussichtlich um ca. ein Drittel größer sein als derzeit, d.h. sie wird sich von 16,7 Millionen auf 22,3 Millionen im Jahr 2030 vergrößern.

Die Folgen dieser Entwicklung für den Arbeitsmarkt zeigt exemplarisch das demografische Szenario des Forschungsinstituts der Bundesagentur für Arbeit (IAB) aus dem Jahr 2010. Unter den Annahmen von konstanter Erwerbsquote und Nullzuwanderung wird das sogenannte Erwerbspersonenpotenzial hierzulande von aktuell knapp 45 Millionen Personen auf weniger als 27 Millionen und damit um 40 Prozent bis zum Jahr 2050 abnehmen. Wie dringend der Handlungsbedarf gerade auf dem Arbeitsmarkt ist, zeigt auch der zeitlich differenzierende Blick: Danach beginnt der Rückgang des Erwerbspersonenpotenzials zunächst eher langsam, um sich nach einigen Jahren massiv zu beschleunigen. In der Dekade bis zum Jahr 2020 etwa beläuft er

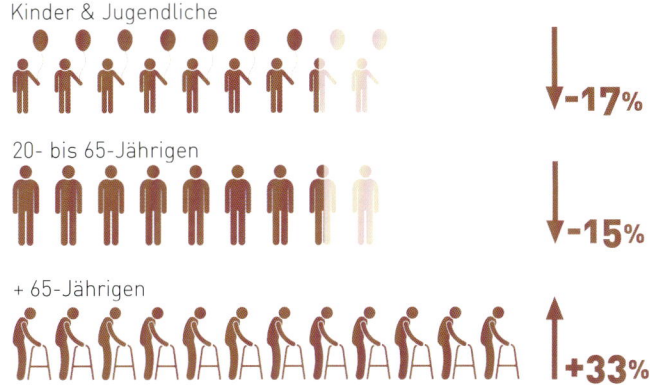

Kinder & Jugendliche
-17%

20- bis 65-Jährigen
-15%

+ 65-Jährigen
+33%

Abb. 2 Demografische Entwicklung von 2008 bis 2030

sich „nur" auf 3,6 Millionen Personen. In den folgenden fünf Jahren steigt die Zahl der fehlenden Erwerbspersonen dann auf 6,5 Millionen an, sodass sich das Erwerbspersonenpotenzial bis zum Jahr 2025 auf gut 38 Millionen reduziert.[2]

Natürlich können sich diese Berechnungen in den kommenden Jahren im Detail ändern. So bleibt etwa abzuwarten, wie sich jene Migrationsbewegungen nach Deutschland auswirken, die durch die europäische Finanzkrise und eine stark wachsende südeuropäische Jugendarbeitslosigkeit induziert sind. Auch die Zuwanderungen aus den südosteuropäischen Staaten wie Rumänien und Bulgarien werden sich in veränderten Bevölkerungs-, Arbeitsmarkt- und Rentenkassenprojektionen niederschlagen. Das gleiche gilt für das schon jetzt absehbar steigende durchschnittliche Renteneintrittsalter. Zudem könnte der künftige technologische Fortschritt Produktivitätsgewinne ermöglichen, die auch zu einer Reduzierung des gesamtwirtschaftlich benötigten Erwerbspersonenpotenzials führen.
Dennoch ist unbestritten, dass sich der Trend zur alternden Gesellschaft

in Deutschland verstärken wird. In den westlichen Industriestaaten lässt er sich ebenfalls beobachten, wenn auch die Verlaufsform variiert. Das gleiche gilt für Japan. Für die derzeit 1,4 Milliarden Chinesen wird er ebenfalls bald relevant sein und dabei eine explosive soziale und ökonomische Wucht entfalten.

Handlungsbedarf für Gesellschaft und Unternehmen

Genauso unbestritten ist, dass der demografische Wandel Unternehmen in Deutschland vor große Zukunftsherausforderungen stellt. Finden sie jene Arbeitskräfte nicht, die sie für ihre Wertschöpfungsprozesse benötigen, dann werden sie alternative Strategien entwickeln und hierzulande weniger investieren, innovieren und wachsen. Auf diese Weise gerät ihr Überleben in Gefahr – und das des Wirtschaftsstandorts gleich mit. Schon jetzt hat die Wirtschaft in verschiedenen Berufsgruppen Schwierigkeiten, auch nur den aktuellen Personalbedarf zu befriedigen, etwa bei den Ingenieuren und Facharbeitern. Diese Schwierigkeiten werden sich verschärfen. Das Wirtschaftsforschungs- und Beratungsunternehmen Prognos beziffert die sogenannte „Fachkräftelücke" bis zum Jahr 2030 auf 5,2 Millionen Menschen, davon 600.000 Geringqualifizierte und 2,4 Millionen akademisch Ausgebildete.[3]

Mit Blick auf den sich verändernden Arbeitsmarkt müssen die Unternehmen jetzt aktiv werden, um ihre langfristigen unternehmensstrategischen Ziele mit der geeigneten Personalstrategie und ggf. weiteren strategischen Weichenstellungen abzusichern. Dabei empfiehlt es sich, viele Zielgruppen im Auge zu behalten:

- Die besten jungen Talente zu gewinnen – derzeit aus der „Generation Y" oder demnächst aus der „Generation Z" –, bleibt für sie von zentraler Bedeutung, aber das allein wird nicht ausreichen.
- Den Anteil der Frauen an der arbeitenden Bevölkerung, in Führungspositionen, Vorständen und Aufsichtsräten zu steigern, bleibt ebenfalls unverzichtbar. Aber auch das wird nicht genügen.
- Mehr ausländische Mitarbeiter einzustellen, bleibt ebenfalls zentral. Aber auch dies wird das Problem gerade bei den anspruchsvollen und besonders wertschöpfungsrelevanten Jobs, die die Wettbewerbsfähigkeit von Unternehmen und Land entscheidend prägen, allein nicht lösen können.
- Das gleiche gilt für das zuletzt verstärkte Bemühen mancher Großunternehmen wie etwa IBM, IKEA, McKinsey, Allianz, SAP oder Boston Consulting Group um die Zielgruppe der sogenannten LGBTs (englisches Akronym für „Lesbian, Gay, Bisexual, Transgender"), also um Menschen mit marginalisierten „sexuellen Identitäten".

Zu diesen Zielgruppen müssen bei der Personalgewinnung weitere treten. Der Softwarekonzern SAP machte in diesem Zusammenhang im Mai 2013 auf die Gruppe der Menschen mit Behinderungen aufmerksam und gab bekannt, bis zum Jahr 2020 Hunderte von Autisten, die bekanntermaßen Menschen mit Spezialbegabungen sein können, einstellen und zu IT-Spezialisten ausbilden zu wollen.[4]

Vor allem aber rückt die Zielgruppe der Älteren in den Vordergrund, also die Gruppe der über 50-Jährigen, von der sich viele Unternehmen in der Vergangenheit aus verschiedenen Gründen eher lieber getrennt haben, als dass sie sie entwickelt, gebunden oder gar neu eingestellt hätten. Nach der Steigerung der Erwerbspartizipation und des Arbeitsvolumens von Frauen liegt gerade bei der Gruppe der Älteren der größte ökonomische Hebel für die Bewältigung der demografisch induzierten Herausforderungen. Volkswirtschaftlich betrachtet führt eine allmähliche Erhöhung der Erwerbstätigenquote der über 55-Jährigen zu geschätzten zusätzlich 0,5 bis 1,2 Millionen sogenannten „Vollzeitäquivalenten" auf dem Arbeitsmarkt. Und bis zum Jahr 2025 bewirkt

die gesetzlich bereits fixierte sukzessive Erhöhung der Regelarbeits-
grenze auf 67 Jahre einen geschätzten Anstieg des Erwerbspersonenpotenzials um 930.000 Personen.[5]

Die gesellschaftlichen und ökonomischen Potenziale, die ältere Bürger
und Mitarbeiter im Prinzip schon immer dargestellt haben, müssen vor
dem Hintergrund des demografischen Wandels also neu bewertet werden. Wie, so ist zu fragen, kann der Prozess des demografischen Wandels mithilfe eines neuen Blicks auf diese Potenziale neu verstanden
werden? Was bedeutet er für Gesellschaft und Unternehmen, und wie
gestalten sie ihn am besten: heute und in Zukunft, strategisch und im
Alltag? Wird es künftig einen „War for Senior Talent" geben?

Bei der Beantwortung dieser Fragen müssen in einer Demokratie wie
der unseren zum einen moralisch-ethische bzw. Gerechtigkeitsüberlegungen eine Rolle spielen, auch mit Blick auf gesellschaftliche Werte
bzw. angestrebte Ziele wie (Chancen-)Gerechtigkeit oder Wohlstand.
Zum anderen sind ökonomische Aspekte zu thematisieren, die vor
dem Hintergrund des weiter wachsenden Wettbewerbsdrucks in einer
globalisierten Wirtschaft zentrale Bedeutung erlangt haben. Gemeint
ist damit zweierlei: erstens – auf der volkswirtschaftlichen Ebene –
die politische Aufgabe, durch die Weiterentwicklung der gesetzlichen
Rahmenbedingungen den Standort Deutschland international nachhaltig wettbewerbsfähig zu halten und so die Basis für die Erhaltung
des gesellschaftlichen Wohlstands zu schaffen; zweitens – auf der
betriebswirtschaftlichen Ebene – die Aufgabe der Unternehmen, ihre
Wettbewerbsfähigkeit nicht nur kurz-, sondern auch mittel- bis langfristig zu sichern.

Beide Notwendigkeiten – die moralisch-ethische und die zweigestal-
tige ökonomische – laufen (unter anderem) auf die Forderung hinaus,
kontinuierlich Lernmöglichkeiten für Gesellschaft, Unternehmen und

Einzelne zu gewährleisten. Mit anderen Worten heißt das: Es ist zu
ermöglichen,

- dass laufend Lernprozesse mit Blick auf die für die Gesellschaft
  grundlegenden Werte und zugleich mit Blick auf die künftig nötigen Kompetenzen stattfinden können und
- dass dadurch die Basis geschaffen wird, (Chancen-)Gerechtigkeit
  und zugleich ökonomische Wettbewerbfähigkeit zu gewährleisten.

Geschieht das, dann treffen sich moralisch-ethische und ökonomische
Imperative.

Wer aber hat diese Forderungen zu erfüllen und wie? Zum einen haben
die Unternehmen aktiv zu werden: Sie müssen – im Eigeninteresse –
lernend neue Wege gehen und in diesem Sinne innovativ sein; nicht
nur, weil wichtige Stakeholder wie Gewerkschaften und die allgemeine
Öffentlichkeit das aus Gerechtigkeitsgründen so fordern mögen, sondern auch und vor allem, weil es sich aus demografisch-ökonomischen
Gründen für sie nur so mittel- bis langfristig rechnet. Zum zweiten
haben die Einzelnen lernend initiativ und innovativ zu sein – in ihrem
eigenen Interesse, um ihre gesellschaftliche und ökonomische Teil-
habe abzusichern. Das gleiche gilt drittens für den politischen Raum.
Auch die Akteure der Politik haben initiativ und innovativ zu sein und
im Zweifel vollkommen neue Politikinstrumente zu finden, die die not-
wendigen Bestrebungen der Einzelnen und der Unternehmen durch
geeignete Rahmenanreize unterstützen.

II. Das alternde Unternehmen als Managementaufgabe

Mit Blick auf die hier interessierenden Unternehmen gilt, dass die
demografisch induzierten generellen Herausforderungen für diese
vielgestaltig sind. Wollen sie auch mittel- bis langfristig erfolgreich

sein, so kommen sie – wie gezeigt – nicht umhin, sich strategisch mit der Frage zu beschäftigen, wie sie in Zukunft genügend qualifizierte Mitarbeiter gewinnen, entwickeln und halten können. Es ist davon auszugehen, dass es für die meisten Unternehmen keine andere Alternative geben wird, als dabei auch die Gruppe der Älteren in den Vordergrund zu rücken.

Tun sie das, setzen sie also vermehrt auf die Einstellung, Entwicklung und Bindung älterer Mitarbeiter, so wird zum einen der Altersdurchschnitt der Belegschaften steigen. Zum anderen wird parallel dazu auch deren Altersheterogenität bzw. Altersvielfalt wachsen. Denn wo bislang allenfalls drei Generationen unter einem Dach arbeiteten – und insofern ein hohes Maß an Altershomogenität herrschte –, werden es in Zukunft bald vier oder womöglich noch mehr sein – je nach dem, wie man Generationen bzw. Generationenkohorten bzw. Generationenkulturen mit ihren je eigenen Werten, Einstellungen und Verhaltensweisen voneinander abgrenzt.[6]

Vor diesem Hintergrund ist deshalb eines der zentralen Zukunftsthemen von Unternehmen das Management von „Age Diversity" bzw. „Altersdiversität"– je nach Kontext oft auch weitergefasst und mit unterschiedlichen Schwerpunktsetzungen: „Altersmanagement", „Generationenmanagement" oder „Demografiemanagement".[7]

Age Diversity Management

Eine wissenschaftliche Basis, sich fruchtbar mit dem Thema Vielfalt in Unternehmen im Allgemeinen und mit Altersdiversität in Unternehmen im Besonderen auseinanderzusetzen, liefert die vor allem in Deutschland noch vergleichsweise junge betriebswirtschaftlich-transdisziplinär angelegte Diversity-Management-Forschung.

Diversity meint dabei vor allem die Vielfalt unter den Mitarbeitern eines Unternehmens bzw. einer Organisation. Inspiriert von der in vielerlei Hinsicht wegweisenden amerikanischen Wissenschaft und Praxis[8] werden dabei analytisch verschiedene Dimensionen der Vielfalt unterschieden, die „Diversity Dimensionen". Plummer etwa spricht von den „Big 8" und meint damit:[9]

- Geschlecht,
- „Race",
- ethnische Zugehörigkeit/Nationalität,
- Funktion in der Organisation,
- sexuelle Orientierung,
- Religion,
- geistige und körperliche Fähigkeiten und
- Alter.

In der Theorie des Diversity Management wird die Notwendigkeit, so verstandene und differenzierte Vielfalt zu managen, grundlegend aus der plausiblen Vorstellung abgeleitet, für jede der Diversity Dimensionen gäbe es ein dominantes Ideal. Köllen schreibt dazu prägnant:

> „Übersetzt in ein Vokabular, welches jedem Individuum einen beschreibbaren Platz zuweist, welcher sich durch Status und damit verbundenen Gestaltungsspielraum bzw. Macht auszeichnet, bedeutet das, dass es für jede Dimension eine Ausprägung gibt, bei welcher das Ideal an der Spitze steht [...] Die Ausprägung des dominanten Ideals steht demnach in der Mitte, und die anderen Ausprägungen (bzw. die Individuen, welche diese Ausprägungen besitzen) bekommen Randpositionen zugewiesen – sie werden marginalisiert. Als zuweisende Kraft werden dabei gesellschaftliche Grundtendenzen angenommen, welche ihren Ausdruck dann in den konkreten Organisationen finden. Das dominante Ideal setzt [...] den Standard, von welchem alle anderen Dimensionsausprägungen abweichen."[10]

Die Folge einer solchen im Kern homogenisierenden Vorstellung liegt auf der Hand: In jeder Diversity Dimension gibt es eine das Ideal verkörpernde dominante Gruppe. Sie steht einer marginalisierten dominierten Gruppe gegenüber, ggf. auch mehreren. Exemplarisch für drei Diversity Dimensionen heißt das:[11]

a. In der Diversity Dimension „Geschlecht" ist die dominante Gruppe die der Männer, die dominierte Gruppe die der Frauen (und Transgender-Personen).

b. In der Diversity Dimension „sexuelle Identität" ist die dominante Gruppe die der Heterosexuellen, die dominierten Gruppen sind die der Lesben, Schwulen, Bisexuellen und Transgender-Personen.

c. In der Diversity Dimension „Alter" ist die dominante Gruppe die der Erwachsenen mittleren Alters, die dominierten Gruppen sind junge und ältere Erwachsene.

Ausgehend von einem solchen Verständnis von Vielfalt im Unternehmen zielt Diversity Management mit Hanappi-Eger „auf eine Veränderung der Machtstrukturen, auf die ‚Eliminierung' von Dominanzgruppen und auf die Aufhebung von Ausschließungsmechanismen"[12], also auf eine Überwindung diversitydimensionsspezifischer Formen der Diskriminierung wie etwa exemplarisch:[13]

a. „Sexismus" (Diversity Dimension „Geschlecht")

b. „Heterosexismus/Homophobie" (Diversity Dimension „sexuelle Identität")

c. „Altersdiskriminierung" (Diversity Dimension „Alter").

Altersdiskriminierung kann sich vielgestaltig zeigen, etwa darin, dass es in Unternehmen keine oder kaum Mitarbeiter über 50 Jahre gibt, wie das oft – aber nicht nur – in großen internationalen Unternehmensberatungen der Fall ist. Oder es kann sich darin zeigen, dass Mitarbeiter ab einem Alter von 45 oder 50 Jahren keine Weiterbildungsmaßnahmen mehr bewilligt bekommen. Oder es kann sich darin zeigen, dass

jüngere Mitarbeiter über viele Monate oder gar Jahre unbezahlte Praktika in einem Arbeitsfeld machen, für das ansonsten festangestellte Mitarbeiter regulär bezahlt würden oder werden.

In betriebswirtschaftlicher Perspektive zielt strategisch angelegtes Diversity Management also darauf, die Ungleichheit von dominanten Gruppen und dominierten Gruppen entlang aller oder mehrerer Diversity Dimensionen zu überwinden. Im Fall der Diversity Dimension „Alter" sollen die „Ausschließungsmechanismen" der „Erwachsenen mittleren Alters" – der dominanten Gruppe – überwunden werden, sodass die Inklusion der dominierten Gruppe „alte und junge Erwachsene" stattfinden kann. Allerdings geschieht dies nicht primär aufgrund von Gerechtigkeitsüberlegungen, sondern mit dem Ziel, auf diese Weise ökonomische Nutzenpotenziale zu erschließen. Diversity Management, hier also Age Diversity Management, ist so gesehen ein Business Case.

Hinter der Forderung nach einem in diesem Sinne verstandenen Diversity Management steht der Gedanke, es sei möglich,

„die Vielfalt so zu handhaben, d.h. zu managen, dass aus ihr betriebswirtschaftlicher Nutzen entsteht. Dieser Nutzen wird umso bedeutender, wenn man die Vielfalt als faktisch betrachtet [...]. Geht man davon aus, dass sich eine homogene Beschäftigtenstruktur erst gar nicht schaffen lässt, so wird die Frage nach der ‚richtigen' Handhabung dieser Heterogenität umso dringlicher."[14]

Dass beim Verfolgen des Ziels der Überwindung von Ungleichheit zwischen dominanten und dominierten Gruppen Gerechtigkeits- und ökonomische Ziele kongruent sein mögen und dass eben dies die breite Akzeptanz von kommunizierten und umgesetzten Diversity-Management-Maßnahmen in vielen Fällen befördern mag, liegt auf der Hand. Insofern kann argumentiert werden, dass das „Nebenbei-Adressieren" des Gerechtigkeitsziels ebenfalls als ökonomisch nützlich begründbar wäre. Verkürzt hieße das: Das Diversity-Management-Prinzip „Gleiche Chancen für alle" rechnet sich (für das Unternehmen) ökonomisch auch, weil es sich ethisch „rechnet". Der Business Case „Diversity Management" ist, so gesehen, ebenfalls ein „Ethics Case".

Vom Homogenitätsideal zum Heterogenitätsideal

In betriebswirtschaftlicher Perspektive ist es keinesfalls selbstverständlich, dass Heterogenität bzw. Vielfalt bzw. Diversity als potenziell nutzenstiftend betrachtet wird. Bei näherer Betrachtung ist es vielmehr revolutionär und stellt einen Paradigmenwechsel dar. Denn lange dominierte in Theorie und Unternehmenspraxis das homogene Ideal:

> „Es findet seine Wurzeln in der normativen Lehre der vergemeinschaftenden Personalpolitik, welche die Vielfalt und Verschiedenartigkeit von Individuen bewusst unterdrückt, und stellt insofern das grundlegende Leitbild für monokulturell bzw. homogen strukturierte Organisationsformen dar. Ein zentraler Grundsatz besteht in der Erhaltung von Homogenität [...]. Im Bewusstsein dieses Grundsatzes verfolgt die Personalführung das Ziel, das Phänomen Diversität vom Unternehmen vollständig fernzuhalten und eine am homogenen Ideal ausgerichtete Homogenität innerhalb der Unternehmensorganisation zu gewährleisten. Durch dieses Gleichmachen von Unterschieden entsteht im Unternehmen aufgrund des Homogenitätsgedankens eine künstliche Gleichheit, die dadurch gesichert wird, dass auch im Rahmen der Personalrekrutierung oder Personalbeförderung die homogene Idealvorstellung erfüllt wird."[15]

In Deutschland lässt sich dieses Homogenitätsideal – repräsentiert durch die dominante Gruppe – grundsätzlich wie folgt beschreiben: Mann, deutsche Staatsangehörigkeit, weiß, heterosexuell, nichtbehindert, mittleres Alter. Ihm gegenüber stehen die dominierten, marginalisierten Gruppen Frauen, ausländische Herkunft bzw. andere ethnische oder religiöse Zugehörigkeit, homosexuell (und Transgender-Personen), Menschen mit Behinderung, ältere Mitarbeiter.[16]

Die unternehmens- und personalstrategische Ausrichtung am Homogenitätsideal – und damit die Ablehnung von Vielfalt – war für deutsche Unternehmen über Jahrzehnte hinweg nützlich.[17] Erst im Zuge von Globalisierung, rasanter Beschleunigung von Marktveränderungen und demografischem Wandel beginnen sich die Nutzenüberlegungen zu verändern. Der Widerstand in den Unternehmen ist dabei nicht selten hoch, denn für homogene soziale Entitäten ist eine Fixierung auf vergangenheitsorientierte Erfolgsmuster und – damit einhergehend – der grundsätzliche Widerstand gegenüber stärkeren Veränderungen typisch. Erst ganz allmählich – d.h. bei weitem nicht überall – führen veränderte Nutzenüberlegungen in betriebswirtschaftlicher Theorie und Unternehmenspraxis zu einer veränderten Sicht auf die bislang noch überwiegend vorherrschende Ausrichtung am Homogenitätsideal.

Geschieht dies in Unternehmen, so wird für diese der Blick frei auf ein alternatives Ideal, das der Heterogenität. Im Kern verspricht das Heterogenitätsideal (auch) eine effizientere und effektivere Nutzung der Humanressourcen:

- durch eine strukturelle Integration aller Mitarbeiter, auch der vormals marginalisierten;
- eine damit verbundene aktivere Partizipation der vormals marginalisierten Mitarbeiter und ihre so verbesserte Identifikation mit dem Unternehmen;

- eine bessere Ausschöpfung des individuellen Kreativitätspotenzials, auch der vormals marginalisierten Mitarbeiter, die gerade durch ihre Diversität die verbesserte Ausschöpfung des Kreativitätspotenzials aller Mitarbeiter zu befördern versprechen;
- damit verbunden die Steigerung der Innovationsfähigkeit des Unternehmens sowie
- die Förderung der organisationalen Flexibilität.[18]

Angesichts eines weiter wachsenden Veränderungs- und Innovationsdrucks auf den globalen Märkten verspricht gerade in bildungs- und wertschöpfungsintensiven entwickelten Volkswirtschaften die unternehmens- und personalstrategische Ausrichtung am Heterogenitätsideal mittel- bis langfristig nützlicher zu sein als das Festhalten am Homogenitätsideal.

Diversity Management, d.h. auch Age Diversity Management, orientiert sich strategisch und operativ an diesem Heterogenitätsideal. Als durch Diversität induzierte spezifische Nutzenpotenziale sind dabei zu nennen:

- das Marketing- und Vertriebspotenzial,
- der Kreativitäts- und Innovationspotenzial,
- das Problemlösungs- und Entscheidungsfindungspotenzial,
- das Systemflexibilitätspotenzial sowie
- das Personalgewinnungs- und Personalmarketingpotenzial.

Auch wenn hier nicht ausführlich auf diese Nutzenpotenziale eingegangen werden kann,[19] wird durch ihre Nennung dennoch deutlich, dass Diversity Management in jedem Fall mehr ist als eine Personalmanagementaufgabe, denn es nimmt auch andere Zielgruppen als Mitarbeiter und potenzielle Mitarbeiter in den Blick, etwa Kunden und potenzielle Kunden.

Wann aber gelingen Veränderungsprozesse, die durch das am Heterogenitätsideal orientierte Diversity Management auf den Weg gebracht werden? Sie gelingen nur dann, wenn neben den Nutzenpotenzialen auch die mit den Diversity-Management-Maßnahmen verbundenen Risiken mitberücksichtigt werden. Auch sie können hier nur kurz genannt werden: das Integrations- und Inklusionsrisiko, das Motivations- und Produktivitätsrisiko sowie das Absentismus- und Fluktuationsrisiko.[20] Daneben müssen ebenfalls Herausforderungen und Probleme bei der Wirkungskontrolle von Diversity-Management-Maßnahmen im Blick behalten werden.[21]

Insgesamt aber zeigt die Diversity-Forschung, dass Unternehmen gut daran tun, die sich aus ihrer Vielfalt hinsichtlich Geschlecht, Nationalität, ethnischer Zugehörigkeit, sexueller Orientierung u.a.m. ergebenden langfristigen Nutzenpotenziale durch strategisch angelegtes Diversity Management zu heben. Das gilt auch für die Diversity-Dimension „Alter". Dabei ist davon auszugehen, dass bei der strategischen und operativen Ausgestaltung von Diversity-Management-Maßnahmen branchen-, unternehmensgrößen- oder berufs-/funktionsspezifische Unterschiede zu berücksichtigen sind. Mit Blick auf das hier interessierende Altersdiversitätsmanagement sind zudem neue Erkenntnisse zur mentalen Leistungsfähigkeit und zum Lernen von großer Relevanz, die nach Alterskohorten differenzieren.

Lern- und Leistungsprozesse generationenspezifisch verstehen und gestalten

Entgegen lange und zumeist noch heute bestehenden Ansichten sind ältere Erwachsene ebenfalls leistungsfähig und produktiv. Sie sind es indes in anderen Fähigkeits- und Kompetenzschwerpunkten als Erwachsene in mittleren Jahren oder junge Erwachsene und haben in manchen Feldern sogar Vorteile.[22] Die vor mehr als 60 Jahren begonnene „Seattle Longitudinal Study" der University of Washington stellt die längste Erhebung zum mentalen Alterungsprozess überhaupt dar und erfasst alle sieben Jahre die geistigen Fähigkeiten von bis zu 6000 Personen. Dabei unterscheidet sie nach sechs Testbereichen. Zum einen zeigt sie, dass die über 50-Jährigen den 25- bis 35-Jährigen in den beiden Testbereichen „Sprachkompetenz" und „Wort-/Sprachgedächtnis" deutlich überlegen sind. Das gleiche zeigt sich bei räumlicher Orientierung und schlussfolgerndem Denken in komplexen Situationen. Diesen vier Bereichen, in denen die 50+-Kohorte besser war als die der Jüngeren, stehen die beiden anderen untersuchten Bereiche gegenüber. Die jüngeren Teilnehmer waren besser beim Umgang mit Zahlen, also etwa beim Kopfrechnen, und sie waren besser bei der Geschwindigkeit der sensorischen Verarbeitung, d.h. etwa bei der Reaktionsgeschwindigkeit, der Seh- und Hörgenauigkeit oder der Geruchsdifferenzierung. Interessant ist zudem Folgendes: Ältere Männer erreichen ihren Leistungshöhepunkt in Bezug auf die vier Bereiche, in denen sie besser sind, im Mittel mit 55 bis 57 Lebensjahren. Bei Frauen liegt er zwischen dem 60. und 63. Lebensjahr. Männer sind dabei besonders gut beim schlussfolgernden Denken und bei der räumlichen Orientierung; Frauen erweisen sich im Durchschnitt als überlegen bei der Sprachkompetenz und dem Sprachgedächtnis, und zwar über die gesamte Lebensspanne hinweg.[23]

Neben diesen Erkenntnissen zur mentalen Leistungsfähigkeit von Älteren gilt der Blick der Lernfähigkeit im engeren Sinn: Ältere Erwachsene lernen nicht weniger, sie lernen anders als junge Erwachsene oder solche mittleren Alters. Das ist für ein gelingendes Age Diversity Management insofern von zentraler Bedeutung, als die mit ihm verbundenen Maßnahmen strukturelle und prozessuale Veränderungsprozesse nach sich ziehen (sollen), die mit Blick auf die gesetzten Ziele ihrerseits nur dann gelingen, wenn auch Lernprozesse stattfinden. Zudem sind Lernprozesse die Voraussetzung für die Entwicklung auch der beruflich nötigen mentalen Leistungsfähigkeit.

Die vergleichsweise junge Erkenntnis, dass Menschen bis ins Alter mental leistungsfähig und produktiv sind und lernen, ja jenseits der Fünfzig sogar spezifische Leistungs-, Lern- und Fähigkeitsvorteile gegenüber Jüngeren haben können, hat sich in der betriebswirtschaftlichen Mainstream-Literatur und in den Unternehmen bislang wenig herumgesprochen. So ist es (auch) zu erklären, dass heute für über 45- oder 50-jährige Arbeitnehmer meist kaum betriebliche Weiterbildungs- und Personalentwicklungsangebote gemacht werden. Auch dass sich Personaler bislang kaum bemühen, ältere Mitarbeiter einzustellen, wird auf diese Weise verständlich.

Die sich seit zwei Jahrzehnten rasant entwickelnde moderne Neurowissenschaft hilft zu verstehen, dass frühere Annahmen zum Lernverhalten, wie sie meist noch vorherrschen, über Bord geworfen werden müssen. Denn unser Gehirn lernt nicht nur in der Jugend, sondern immer. Spitzer betont, wie wichtig es sei, über die Lebenszeit hinweg betrachtet zwischen verschiedenen Lernleistungskurven zu unterscheiden.[24] Vertraut ist eine Leistungskurve kognitiver Fähigkeiten, die die Geschwindigkeit, mit der Aufgaben ganz allgemein gelöst werden, beschreibt. Sie nimmt in der Kindheit besonders bei entsprechender Förderung rasch zu, verändert sich dann wenig und fällt schließlich langsam ab. Lange dachte man, dass Lernen nur so abläuft und hat sich deswegen vor allem auf die schulische Bildung konzentriert, damit spätere neue neuronale Verknüpfungen, die Lernen im Kern bedeuten, leichter stattfinden können. Doch es gibt noch andere, ebenfalls relevante Lernleistungskurven. So nimmt etwa unser Wissen über die Welt insgesamt während unseres ganzen Lebens zu – es wird dadurch genauer – und erst spät am Ende wieder ab. Verdichtet beschreibt und impliziert diese spezifische Leistungskurve kognitiver Fähigkeiten mit Spitzer Folgendes:

> „Je mehr man schon weiß, desto mehr kann man neue Inhalte mit bereits vorhandenem Wissen verknüpfen. Da Lernen zu einem

nicht geringen Teil im Schaffen solcher neuen Verknüpfungen besteht, haben ältere Menschen beim Lernen sogar einen Vorteil! Wissen kann helfen, neues Wissen zu strukturieren, einzuordnen und zu verankern. Es kommt darauf an, die Lernbedingungen so zu gestalten, dass die Vorteile des Alters genutzt und die Nachteile im Hinblick auf die Geschwindigkeit ausgeglichen werden."[25]

Neurowissenschaftlich-lerntheoretisch betrachtet liegen damit einige Folgerungen für eine passgenauere Gestaltung von Maßnahmen für das informelle Lernen am Arbeitsplatz und das formale Lernen im Rahmen der Weiterbildungsmaßnahmen in Unternehmen auf der Hand. Formale Lernangebote wären zum Beispiel alterskohorten- bzw. generationenspezifisch anzulegen, etwa differenziert nach Gruppen wie den Baby-Boomern, der Generation X, der Generation Y, der Generation Z etc.

Die durch die Längsschnittsforschung zur mentalen Leistungsfähigkeit und durch die Hirnforschung veränderte Lernperspektive impliziert zudem, dass die Älteren gegenüber den Jüngeren bei einigen Fähigkeiten, Kompetenzen, Tätigkeiten und Berufen genau dort auch bessere Voraussetzungen für weiteres Lernen haben könnten, etwa bei komplexen sozialen Aufgaben, wie sie in modernen, globalisierten Unternehmen nicht selten zu lösen sind. Umgekehrt impliziert die veränderte Lernperspektive allerdings auch, dass dies für viele andere Fähigkeiten, Kompetenzen, Tätigkeiten und Berufe eben nicht gilt und dass hier andere, jüngere Generationenkohorten bessere Lern- und damit auch bessere mentale Leistungsvoraussetzungen haben mögen.

Vor dem Hintergrund dieser Erkenntnisse müsste Age Diversity Management also (auch) alterskohorten- bzw. generationenspezifisch gedacht, verstanden, strategisch aufgesetzt und operativ umgesetzt werden.

III. Zusammenfassung

Die Bewältigung zentraler Zukunftsherausforderungen ist für Gesellschaft und Unternehmen erfolgskritisch. Der demografische Wandel ist hierzulande eine solche Herausforderung, denn durch ihn nimmt das Erwerbspersonenpotenzial in Deutschland in den nächsten Jahren sehr stark ab, während sich zugleich der Wettbewerbs-, Veränderungs- und Innovationsdruck auf den globalen Märkten verstärkt. Vor diesem Hintergrund werden sich deutsche Unternehmen zur mittel- bis langfristigen Sicherung ihrer Wettbewerbsfähigkeit und ihres Erfolgs künftig deutlich stärker um neue Mitarbeiterzielgruppen kümmern müssen. Damit rückt die große Gruppe der älteren Personen in den Vordergrund, d.h. das Ziel, deren Mitglieder zu gewinnen, zu entwickeln und zu halten. Die Unternehmen werden künftig aktives „Altersmanagement" bzw. „Generationenmanagement" zu betreiben haben.

Um dies erfolgreich tun zu können, bietet sich das hierzulande noch vergleichsweise junge theoretische Konzept des Diversity Managements im Allgemeinen bzw. des Age Diversity Managements im Besonderen an. Die Anwendung dieses Konzepts stellt insofern einen Paradigmenwechsel dar, als sein Bezugspunkt nicht mehr, wie bisher in der Mainstream-Betriebswirtschaftslehre, ein Homogenitätsideal, sondern ein Heterogenitätsideal ist. Mit diesem neuen Referenzideal wird angestrebt, die Ungleichheit zwischen dominanten Gruppen, an deren Ideal sich alle Unternehmensaktivitäten ausgerichtet haben, und dominierten marginalisierten Gruppen zu überwinden.

Bei der Diversity-Dimension „Alter", für die heute im Allgemeinen das homogenisierende Leitideal des „Erwachsenen mittleren Alters" gilt, sollen die mit diesem „alten" Leitbild verbundenen Ausschließungsmechanismen überwunden und die vormals marginalisierten Gruppen „junge und ältere Erwachsene" strukturell integriert werden. Im

Verständnis eines rationalen Age Diversity Management hat dies zu geschehen, weil die damit verbundenen Nettonutzenpotenziale – ausgedrückt in spezifischen Bruttonutzenpotenzialen abzüglich der zu erwartenden Kosten in den mit der Veränderung verbundenen Risikofeldern – für das Unternehmen größer sind, als wenn dies nicht geschähe. Sie sind größer, weil der Wettbewerbs-, Veränderungs- und Innovationsdruck auf den globalen Faktor- und Gütermärkten weiterhin stark wächst und sich insofern für die Unternehmen die „Bewertungsgrundlagen" für die Nutzenbetrachtungen verändert haben.

In dieser Situation, in der Unternehmen in besonderem Maße Wettbewerbs-, Veränderungs- und Innovationsfähigkeit benötigen, die eher durch gestaltete Diversität als durch Ausrichtung am Homogenitätsideal zu fördern sind, rechnet es sich für Unternehmen, „gleiche Chancen für alle" zu ermöglichen, anstatt sich an nur einer dominanten Gruppe auszurichten. In gewisser Weise fallen so (Chancen-)Gerechtigkeitskalküle und ökonomische Nutzenkalküle zusammen und verstärken sich. Die Anwendung des Konzepts des Diversity Management ist so gesehen nicht nur als potenziell nutzenstiftender Business Case zu sehen, sondern auch als (damit verschränkter) „Ethics Case". Für die Überwindung von Änderungswiderständen im Unternehmen dürfte sich dieses Zusammenfallen insgesamt positiv auswirken. Das gleiche gilt für die wahrgenommene Legitimität des Unternehmenshandelns in unserer demokratischen Gesellschaft, für die der Wert bzw. das Ziel „(Chancen-)Gerechtigkeit" konstitutiv ist.

Bei der konkreten strategischen und operativen Ausgestaltung von Age-Diversity-Management-Maßnahmen dürfte es zudem sehr hilfreich sein, an zentraler Stelle zu berücksichtigen, dass diese Maßnahmen im Kern auf strukturelle und prozessuale Veränderungsprozesse zielen. Die aber können nur gelingen, wenn man Lernprozesse im Unternehmen in den Vordergrund rückt. Neuere, auch neurowissenschaftliche Erkenntnisse könnten hier den Grund bereiten, die mentale Leistungs- und Lernfähigkeit von älteren Erwachsenen neu zu beurteilen und bei ihnen spezifische Potenziale zu entdecken, die in die betriebswirtschaftliche Theorie und Unternehmenspraxis bislang kaum einfließen und gestaltet werden. Denn im Lichte dieser Erkenntnisse haben ältere Erwachsene in spezifischen Fähigkeits-, Kompetenz- und Lernfeldern (Potenzial-)Vorteile gegenüber Erwachsenen mittleren Alters und jüngeren Erwachsenen; womit auch gilt, dass umgekehrt diese in anderen Feldern (Potenzial-)Vorteile gegenüber älteren Erwachsenen aufweisen.

Soll also Altersmanagement bzw. Age Diversity Management in der Unternehmenspraxis gelingen, so sind diese Erkenntnisse bei der strategischen und operativen Gestaltung alterskohorten- bzw. generationenspezifisch zu berücksichtigen: mit Blick auf Mitarbeiter und zukünftige Mitarbeiter etwa bei Personalmarketing, Personalgewinnung, Personalentwicklung und Personalbindung sowie ebenso mit Blick auf Kunden und potenzielle Kunden, beispielsweise bei Produktentwicklung, Produktdesign, Marketing und Vertrieb.

Über den Autor
JENS SCHADENDORF

Jens Schadendorf, Lic. rer. pol.
SCHADENDORF. Books, Communications & Change
Bavariaring 35
80336 München
Telefon:089-76776309
Mail: schadendorf@email.de
www.schadendorf-bcc.com

Jens Schadendorf war lange Programmleiter des Gabler und des Econ Verlags. Seit 2005 wirkt er mit SCHADENDORF. Books, Communications & Change als publizistischer Unternehmer und Berater. Er ist u.a. spezialisiert auf die Begleitung von Unternehmen bei Buchprojekten sowie bei Projekten an der Schnittstelle von Buch, Management, Kultur und Wissenschaft.

Daneben forscht Schadendorf am Peter Löscher-Stiftungslehrstuhl für Wirtschaftsethik der TU München zu „Age Diversity in Unternehmen" und lehrt Medienökonomie und Medienmanagement im Studiengang Wirtschaftskommunikation der HTW Berlin.

Er ist ferner Co-Herausgeber der von ihm konzipierten neuen „Edition Debatte" im Redline Verlag (gestartet mit ifo-Chef Hans-Werner Sinn).

Schadendorf studierte BWL, Politische Ökonomie, Entwicklungsökonomie und Philosophie in Hamburg und sowie in Fribourg (Schweiz), wo er zum Lic. rer. pol. abschloss. Es folgten Forschungsaufenthalte u.a. am Institute of South East Asian Studies in Singapur und am Asian Institute of Technology in Bangkok.

Mehrere Stipendien (u.a. des Schweizerischen Nationalfonds), zahlreiche Veröffentlichungen (u.a. als Buchautor, in FTD oder ZEIT online) und Auszeichnungen als Buchverleger.

Fußnoten & Quellenverzeichnis

1 Vgl. Statistische Ämter des Bundes und der Länder (2011): Demografischer Wandel in Deutschland. Bevölkerungs- und Haushaltentwicklung im Bund und in den Ländern. Heft 1. S.8.

2 Vgl. Bundesagentur für Arbeit (2011): Perspektive 2025: Fachkräfte für Deutschland. Nürnberg. S.7.

3 Vgl. ebd. S.8.

4 Vgl. o.V. (2013): SAP stellt Hunderte von Autisten ein, 21.5.2013, handelsblatt.com, Zugriff am 20.7.2013.

5 Vgl. Bundesagentur für Arbeit (2011): Perspektive 2025: Fachkräfte für Deutschland. Nürnberg. S.14.

6 Vgl. exemplarisch Rump, J./Eilers, S. (2013): Die jüngere Generation in einer alternden Arbeitswelt. Baby Boomer versus Generation Y. Sternenfels: Wissenschaft & Praxis.

7 Vgl. Bieling, G. (2011): Age Inclusion. Erfolgsauswirkungen des Umgangs mit Mitarbeitern unterschiedlicher Altersgruppen in Unternehmen. Wiesbaden: Gabler.
Vgl. ebenfalls Bruch, H. et al. (2010): Generationen erfolgreich führen. Konzepte und Praxiserfahrungen zum Management des demographischen Wandels. Wiesbaden: Gabler; Oertel, J. (2007): Generationenmanagement in Unternehmen. Wiesbaden: DUV; Rump, J./Eilers, S. (2011): Ökonomische Effekte des Age Managements, 2. Aufl. Sternenfels: Wissenschaft & Praxis; Rump, J./Eilers, S. (2013): Die jüngere Generation in einer alternden Arbeitswelt. Baby Boomer versus Generation Y. Sternenfels: Wissenschaft & Praxis.

8 Vgl. grundlegend Cox Jr., T (1994): Cultural Diversity in Organizations. Theory, Research and Practice, San Francisco: Berrett-Koehler.

9 Plummer, D. L. (2003): Overview of the Field of Diversity Management, in: Plummer, D. L. (Ed.): Handbook of Diversity Management: Beyond Awareness to Competency Based Learning. Lanham: University Press of America, 1-49. S.25ff.
Zu weitergehenden Differenzierungen vgl. Loden, M./Rosner, J. B. (1991): Workforce America! Managing Employee Diversity as a Vital Resource. Homewood: Business One Irwin; Gardenswartz, L./Rowe, A. (1998): Managing Diversity: A Complete Desk Reference and Planning Guide. New York: McGraw-Hill.

10 Köllen, T. (2010): Bemerkenswerte Vielfalt: Homosexualität und Diversity Management.Betriebswirtschaftliche und sozialpsychologische Aspekte der Diversity-Dimension „sexuelle Orientierung". München: Hampp. S.16.

11 Vgl. Vedder, G. (2006): Die historische Entwicklung von Diversity Management in den USA und in Deutschland, in: Krell, G./Wächter (Hrsg): Diversity Management. Impulse aus der Personalforschung, München: Hampp, 1-24. S.12.

12 Hanappi-Egger, E. (2004): Einführung in die Organisationstheorien unter besonderer Berücksichtigung von Gender- und Diversity-Aspekten, in: Bendl, R./Hanappi-Egger, E./Hoffmann, R.: Interdisziplinäres Gender- und Diversitätsmanagement. Einführung in Theorie und Praxis. Wien: Linde, 21-42. S.36.

13 Vgl. Vedder, G. (2006): Die historische Entwicklung von Diversity Management in den USA und in Deutschland, in: Krell, G./Wächter, H. (Hrsg): Diversity Management. Impulse aus der Personalforschung, München: Hampp, 1-24. S.12.

14 Köllen, T. (2010): Bemerkenswerte Vielfalt: Homosexualität und Diversity Management.Betriebswirtschaftliche und sozialpsychologische Aspekte der Diversity-Dimension „sexuelle Orientierung". München: Hampp. S.18.
Vgl. auch Krell, G. et al. (2007): Diversity Studies. Grundlagen und disziplinäre Ansätze. Frankfurt/Main: Campus. S.236.

15 Schulz, A. (2009): Strategisches Diversitätsmanagement. Unternehmensführung im Zeitalter der kulturellen Vielfalt. Wiesbaden: Gabler. S.79.
Vgl. auch Krell, G. (1994): Vergemeinschaftende Personalpolitik: Normative Personallehren, Werksgemeinschaft, NS-Betriebsgemeinschaft, Betriebliche Gemeinschaft, Japan, Unternehmenskultur. München: Hampp. S.12ff.

16 Vgl. Schulz, A. (2009): Strategisches Diversitätsmanagement. Unternehmensführung im Zeitalter der kulturellen Vielfalt. Wiesbaden: Gabler. S.79.
Vgl. auch Krell, G. (1994): Vergemeinschaftende Personalpolitik: Normative Personallehren, Werksgemeinschaft, NS-Betriebsgemeinschaft, Betriebliche Gemeinschaft, Japan, Unternehmenskultur. München: Hampp. S.394.

17 Vgl. Schulz, A. (2009): Strategisches Diversitätsmanagement. Unternehmensführung im Zeitalter der kulturellen Vielfalt. Wiesbaden: Gabler. S.81 zu den ökonomischen Vor- und Nachteilen des Homogenitätsideals.

18 Vgl. ebd. S.86, dort auch in einer Übersicht die ökonomischen Vor- und Nachteile des Heterogenitätsideals.

19 Vgl. ebd. S.192ff.

20 Vgl. ausführlich ebd. S.207ff.

21 Vgl. ebd. S.190ff.

22 Vgl. Rump, J./Eilers, S. (2013): Die jüngere Generation in einer alternden Arbeitswelt. Baby Boomer versus Generation Y. Sternenfels: Wissenschaft & Praxis. S.242ff.

23 Vgl. Gerstorf, D. et al. (2011): Cohort differences in cognitive aging and terminal decline in the Seattle Longitudinal Study, in: Developmental Psychology 47(4), 1026-1041;
Korte, M., (2012): Jung im Kopf. Erstaunliche Einsichten der Gehirnforschung in das Älterwerden. München: DVA. S.22f.

24 Vgl. Spitzer, M. (2011): Gefühle, Geld, Geist und Gehirn – Neurowissenschaft für Unternehmer. Herausgegeben von Ernst & Young im Rahmen der Initiative „Entrepreneur des Jahres". Stuttgart: ohne Verlag, exklusive Unternehmensveröffentlichung. S.22ff.

25 Ebd. S.28.

Anmerkung:

Teile der S. 55 bis 57 sind bereits erschienen in Schadendorf, J. (2014): Der Regenbogen-Faktor. Schwule und Lesben in Wirtschaft und Gesellschaft — Von Außenseitern zu selbstbewussten Leistungsträgern. München: Redline. Dieses Buch gilt als Primärquelle.

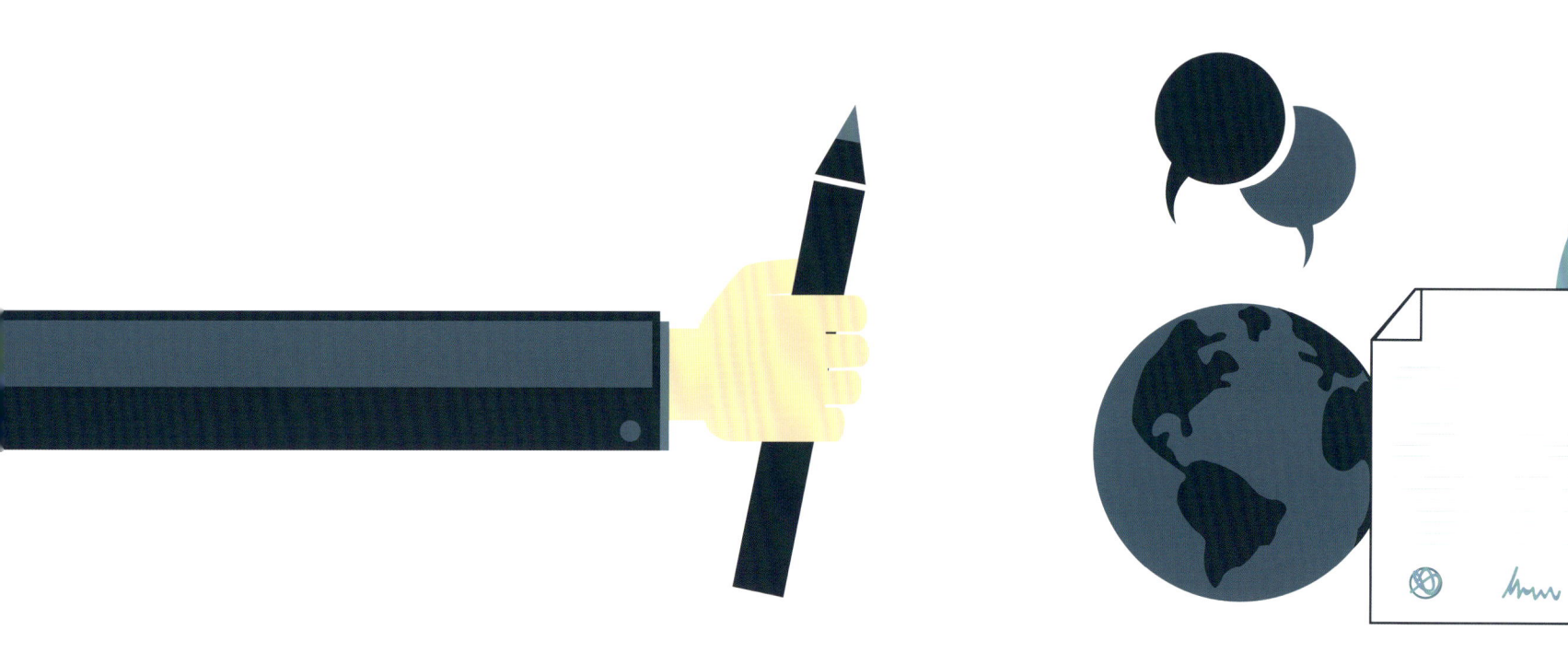

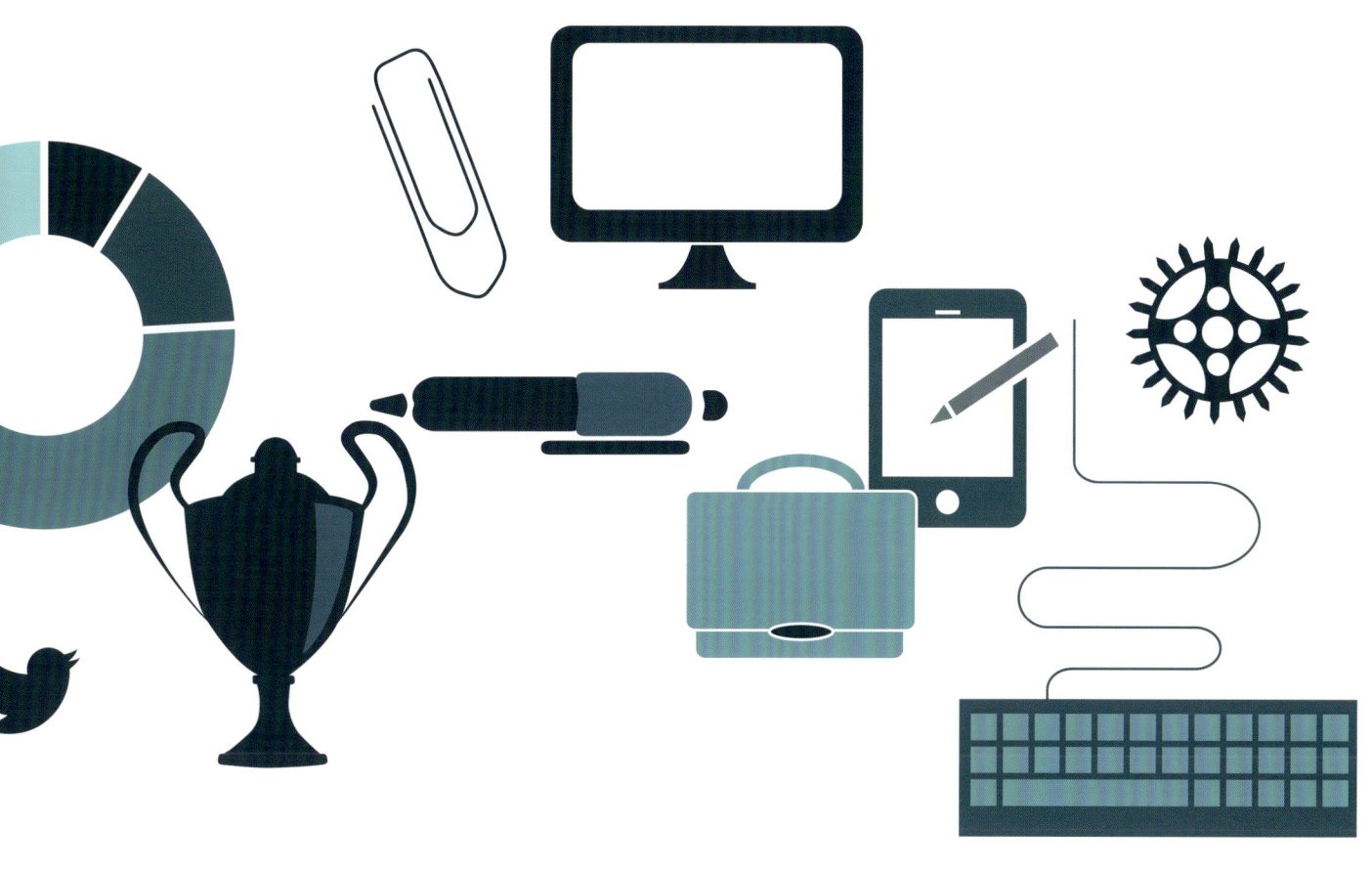

MONITOR
WIRTSCHAFTSKOMMUNIKATION
2013

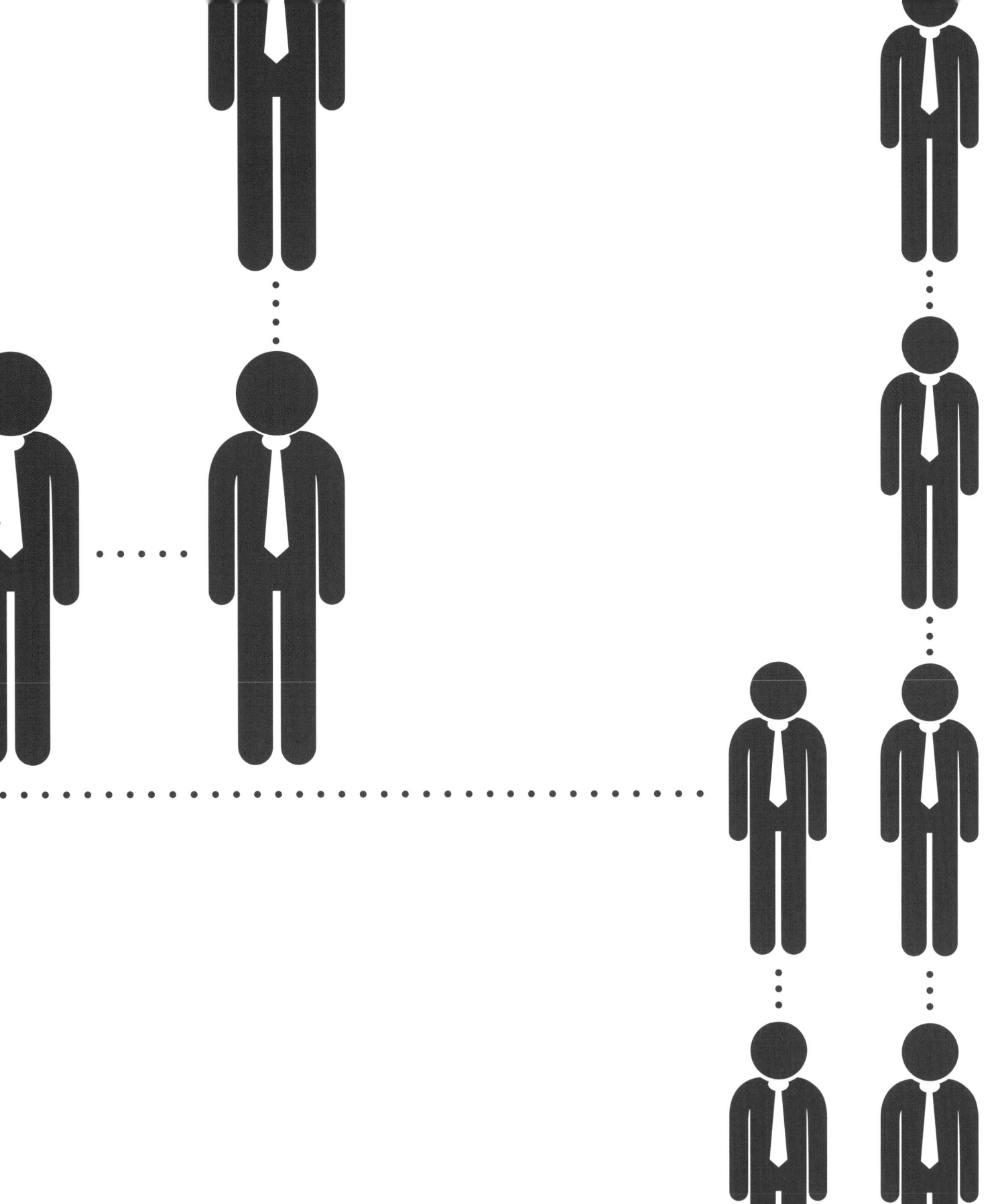

STRUKTUREN
KAPITEL I

von Marie Bischoff | Annika Dahne | Victoria Emelyanova | Christina Stegmann

In der Befragung zum Stand der Wirtschaftskommunikation 2013 werden zunächst die vorherrschenden Strukturen innerhalb der befragten Unternehmen dargestellt. Strukturen in der Wissenschaftstheorie sind die „Menge der die einzelnen Elemente eines Systems verknüpfenden Relationen"[1]. Das heißt, in diesem Teil wird untersucht, welche Strukturen in den Unternehmen vorherrschend sind und wie diese Strukturen in Wechselwirkung zueinander stehen. Insgesamt wurde nach der Struktur der Kommunikationsarbeit innerhalb eines Unternehmens gefragt. Hierbei soll herausgearbeitet werden, wer die handelnden Akteure in der internen Kommunikation sind. Des Weiteren wurden die Strukturen der externen Kommunikation eines Unternehmens untersucht. Ziel war es festzustellen, welche Abteilungen mit welcher Häufigkeit hierfür eingesetzt werden.

Schwerpunktmäßig wurde im Themenblock Strukturen der Einsatz von externen Dienstleistern und Agenturen abgefragt. Es sollte zum einen herausgefunden werden, welche externen Dienstleister eingesetzt werden, zum anderen sollte in Erfahrung gebracht werden, in welchen Bereichen und wie häufig diese engagiert werden. Die Zufriedenheit der Unternehmen mit den eingesetzten externen Dienstleistern stellt ebenfalls eine Struktur dar. Darüber hinaus bilden die Kommunikationsinstrumente eine weitere zu untersuchende Thematik. Hierbei soll sowohl der Einsatz der Instrumente als auch dessen Bedeutung für die befragten Unternehmen untersucht werden. Eine weitere wesentliche Struktur handelt von der Akzeptanz, die der Kommunikationsarbeit der einzelnen Abteilungen entgegengebracht wird. Im Folgenden werden die Ergebnisse dieses Frageblocks analysiert und differenziert ausgewertet. Anschließend werden Aussagen über die Strukturen der befragten Unternehmen getroffen sowie Trends im Bereich der Wirtschaftskommunikation prognostiziert.

Zuständigkeit für die interne und externe Kommunikation im Unternehmen

Wie bereits in der Einleitung erwähnt, beschäftigte sich ein Teil des Themenblocks Strukturen mit der Zuständigkeit für die interne und die externe Kommunikation in den befragten Unternehmen. Ziel war es festzustellen, ob sich ein Trend in eine bestimmte Richtung bei der Kommunikationsarbeit der befragten Unternehmen verzeichnen lässt. Im Bereich der internen Kommunikation wurde deutlich, dass die Kommunikationsabteilung/PR-Abteilung mit 61,6 Prozent noch immer den größten Teil der internen Kommunikation übernimmt. Im Jahr 2012 lag dieser Anteil bei 68,5 Prozent, was bedeutet, dass die Zuständigkeit der Kommunikationsabteilung/PR-Abteilung für die Kommunikation innerhalb des Unternehmens zurückgeht.

Dieser Trend lässt sich durch die index-Expertenbefragung zur internen Kommunikation bestätigen, wo ebenfalls nach den handelnden Personen beziehungsweise Abteilungen für die interne Kommunikation gefragt wird. An der Umfrage beteiligten sich 130 Kommunikationsexperten aus Wirtschaft und Verwaltung, die aus unterschiedlich großen Unternehmen und Organisationen stammen. Bei der Frage nach den Akteuren der internen Kommunikation wurde der Pressesprecher/die PR-Abteilung an zweiter Stelle mit 42 Prozent genannt. An erster Stelle stand hier die Geschäftsführung/der Vorstand mit 54 Prozent. Die wachsende Bedeutung der internen Kommunikation für die Geschäftsführung lässt sich ebenfalls aus den Ergebnissen des Monitors Wirtschaftskommunikation 2013 ablesen. Im Jahr 2012 lag die interne Kommunikation der Geschäftsführung noch bei 22,2 Prozent hinter der Marketingabteilung mit 25,9 Prozent und der Kommunikations-/PR-Abteilung mit 68,5 Prozent. 2013 hingegen stieg der Anteil der Geschäftsführung auf 41,8 Prozent und hat die Marketingabteilung mit 13,5 Prozent bereits weit hinter sich gelassen.

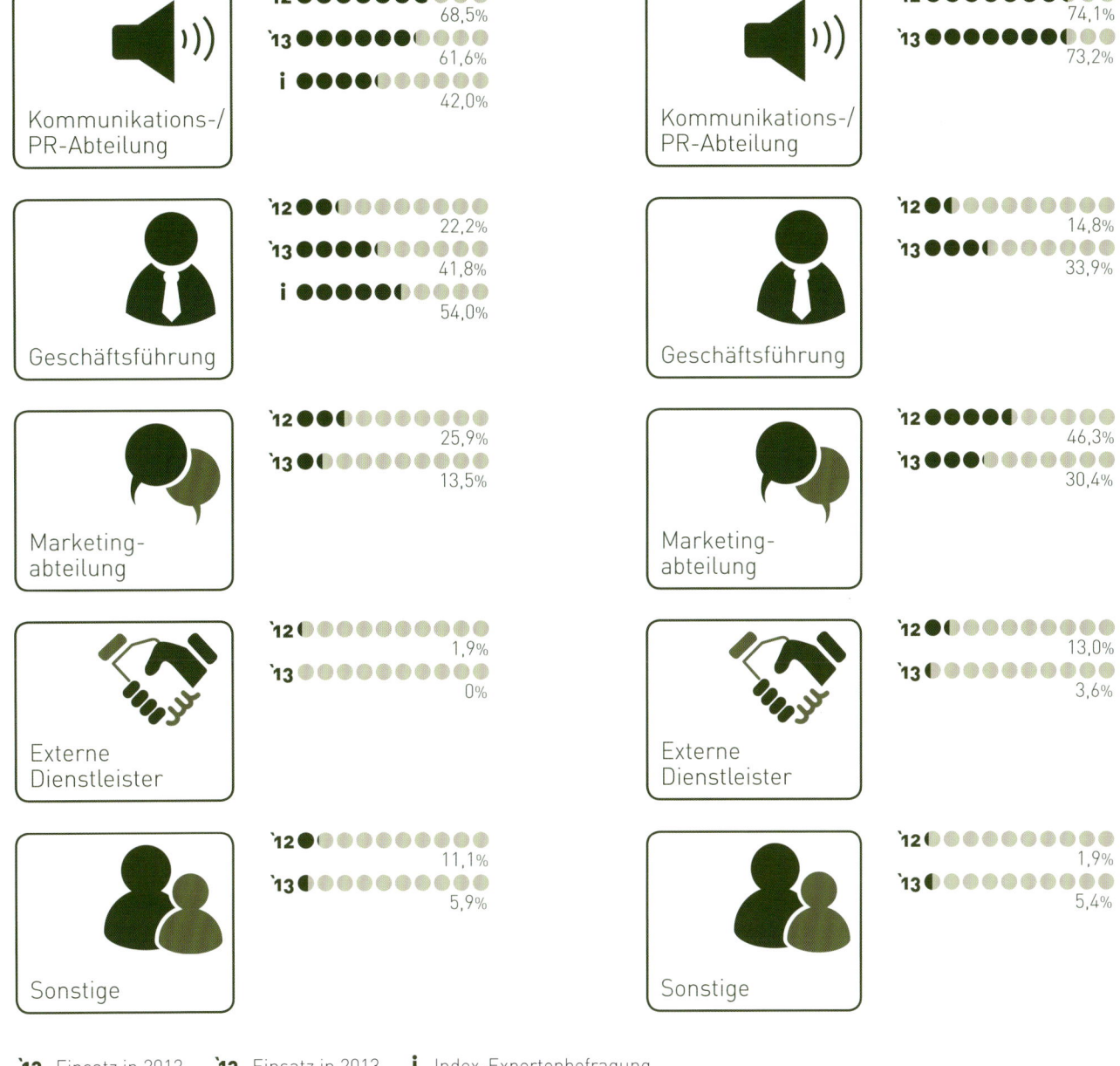

Kommunikations-/
PR-Abteilung

`12 68,5%
`13 61,6%
i 42,0%

Geschäftsführung

`12 22,2%
`13 41,8%
i 54,0%

Marketing-
abteilung

`12 25,9%
`13 13,5%

Externe
Dienstleister

`12 1,9%
`13 0%

Sonstige

`12 11,1%
`13 5,9%

Kommunikations-/
PR-Abteilung

`12 74,1%
`13 73,2%

Geschäftsführung

`12 14,8%
`13 33,9%

Marketing-
abteilung

`12 46,3%
`13 30,4%

Externe
Dienstleister

`12 13,0%
`13 3,6%

Sonstige

`12 1,9%
`13 5,4%

`12 Einsatz in 2012    `13 Einsatz in 2013   i Index-Expertenbefragung

Abb. 3 Zuständigkeit für die interne Kommunikation
n:55 in 2012 und n:86 in 2013

Abb. 4 Zuständigkeit für die externe Kommunikation
n:55 in 2012 und n:86 in 2013

Daraus lässt sich schließen, dass die interne Kommunikation für die Geschäftsführung an Bedeutung gewinnt, wohingegen diese für die Kommunikations-/PR-Abteilung sinkt. Ein Grund für diesen Sachverhalt könnte die Tatsache sein, dass rund 70 Prozent der Unternehmen laut eigenen Angaben keine eigene Abteilung für die interne Kommunikation haben. Dies fand die index-Expertenbefragung im Bereich der internen Kommunikation heraus.[2]

Bei der externen Kommunikation sind zum Teil ähnliche Trends zu beobachten: Im Jahr 2012 lag die externe Kommunikation der Kommunikations-/PR-Abteilung bei 74,1 Prozent, 2013 sank dieser Wert auf 73,2 Prozent, was keine große Veränderung darstellt. Hingegen ist auch hier der Kommunikationsanteil der Geschäftsführung im Vergleich zum Vorjahr enorm gestiegen: Während der Anteil der externen Kommunikation im Bereich der Geschäftsführung 2012 noch bei 14,8 Prozent lag, erreichte er dieses Jahr 33,9 Prozent.

Aus den aus der Befragung gewonnenen Daten geht hervor, dass die Bedeulung der Geschäftsführung sowohl in der internen als auch in der externen Kommunikation von Unternehmen stetig steigt.

Zusammenarbeit mit externen Dienstleistern

Diametral zum Bedeutungsgewinn der Geschäftsführung steht der Bedeutungsverlust externer Dienstleister: Mit 3,6 Prozent gegenüber 13 Prozent vom Vorjahr ist der Einsatz externer Dienstleister in der externen Kommunikation stark zurückgegangen. Das bedeutet, dass 2013 wesentlich weniger externe Spezialisten mit der externen Kommunikation beauftragt wurden als im Jahr zuvor. Auf weitere Trends in der Wirtschaftskommunikation in Bezug auf dieses Thema wird in diesem Kapitel detaillierter eingegangen.

Die Umfrageergebnisse zeigen, dass ein bedeutender Teil (40 Prozent) der befragten Unternehmen im Jahr 2013 keine Leistungen von externen Agenturen aus dem Bereich der Wirtschaftskommunikation in Anspruch nahm, wobei sich die Zahl gegenüber dem Vorjahr (22 Prozent) fast verdoppelte. Der Trend hatte sich schon 2011 angedeutet und verläuft umgekehrt proportional zur Entwicklung der Arbeitslosenquote im Werbemarkt. Ein Vergleich mit den Ergebnissen aus einer Studie des Zentralverbands der deutschen Werbewirtschaft e.V. (ZAW) offenbart diese Wechselbeziehung. Der ZAW bezeichnet in seiner Publikation „Werbung in Deutschland 2013" den Arbeitsmarkt des Wirtschaftszweigs Werbung in Deutschland im Jahr 2012 zwar als „retrospektiv dauerhaft krisenfest"[3], dennoch ist die Arbeitslosenquote im Werbemarkt (Werbe-, PR-, Kommunikationsagenturen usw.) laut derselben Veröffentlichung von 4,2 Prozent (2011) auf 5,3 Prozent (2012) gestiegen. Dies bedeutet eine Zunahme um 1,1 Prozent, womit die höchste Arbeitslosenquote im Werbemarkt seit 1998 erreicht wurde. Auch ging die Zahl der Stellenofferten der Arbeitgeber (werbende Unternehmen/Agenturen/Werbung verbreitende Medien) im Jahr 2012 um 11 Prozent zurück. Auffällig erscheint dabei, dass die Suche nach geeigneten Spezialisten insbesondere in den Arbeitsfeldern Strategie, Media und Internet weiterhin anhält.[4]

Typen von externen Dienstleistern

Trotz der gegenwärtigen Abnahme der Auftragsvergabe an externe Dienstleister beträgt der Anteil der Unternehmen, die im Bereich Wirtschaftskommunikation mit anderen Unternehmen zusammenarbeiten, immer noch 60 Prozent.
Hierbei werden wie im Vorjahr zum größten Teil Public-Relations-Agenturen beauftragt: Mit 66 Prozent haben sie die anderen externen Dienstleister nicht nur hinter sich gelassen, sondern ihre Position sogar noch

um 11 Prozent verbessert. Werbeagenturen werden mit 52 Prozent um ca. 3 Prozent und Internetagenturen mit 44 Prozent um 4 Prozent häufiger gegenüber dem Vorjahr beauftragt. Mit Direktmarketingagenturen arbeiteten im Jahr 2012 nur 18,5 Prozent der befragten Unternehmen zusammen. Das Jahr 2013 hat kaum Veränderungen gezeigt: Die Beauftragung von Direktmarketingagenturen ist mit 20 Prozent, bei einem leichten Anstieg um 1,5 Prozent, fast gleich geblieben.

Während die Zusammenarbeit der befragten Unternehmen mit Werbe-, Internet- und Direktmarketingagenturen nur gering zugenommen hat, lässt sich eine wesentlich größere Steigerung der Kooperationen mit Eventagenturen verzeichnen: Lag 2012 der Prozentanteil der Unternehmen, die Eventagenturen beauftragten, bei 30,8 Prozent, waren es in diesem Jahr schon 46 Prozent; im Vergleich zum Vorjahr bedeutet dies einen deutlichen Anstieg von 15,2 Prozent. Aus den Ergebnissen des Jahres 2013 ist auch zu entnehmen, dass sich Eventagenturen unter den drei am häufigsten beauftragten externen Dienstleistern nach PR- und Werbeagenturen befinden, womit sich eine Steigerung um fünf Positionen gegenüber dem Vorjahr feststellen lässt.

Social-Media-Agenturen sind zwar nicht unter den drei ersten Positionen der am häufigsten beauftragten externen Dienstleister, der Prozentanteil der Unternehmen, die mit Social-Media-Agenturen zusammenarbeiten, hat sich jedoch im Jahr 2013 mit 36 Prozent gegenüber dem Vorjahreswert von 18,4 Prozent fast verdoppelt. In diesem Bereich ist die größte Zunahme in Bezug auf die Kooperationen zwischen den befragten Unternehmen und externen Dienstleistern zu verzeichnen. Daraus lässt sich auch entnehmen, dass Unternehmen ihren Social-Media-Aktivitäten im Vergleich zum Vorjahr eine größere Bedeutung beimessen. Dies zeigen auch die Umfrageergebnisse des Kapitels Social Media, wo 2013 eine Verstärkung der Social-Media-Aktivitäten bei 81,5 Prozent – und damit bei einer deutlichen Mehrheit – der befragten Unternehmen festgestellt wurde.

Die wachsende Bedeutung von Social Media in der Unternehmenswelt, die im direkten Zusammenhang zur Beauftragung von Social-Media-Agenturen steht, lässt sich auch durch die Studienergebnisse des Bundesverbands Digitale Wirtschaft (BVDW) e.V. „Einsatz und Nutzung von Social Media in Unternehmen" (2012) bestätigen. Ein Ziel der Befragung, an der 140 deutsche Unternehmen teilnahmen, war es, herauszufinden, wie sich der Einsatz und die Nutzung von sozialen Medien im Unternehmensalltag verändert haben. Im Jahresvergleich zeigte sich 2012 eine Zunahme der Social-Media-Nutzung in den Unternehmen um 12,5 Prozent gegenüber 2011.[5] Die Kooperationen zwischen Unternehmen und Social-Media-Agenturen stehen in Zusammenhang mit der Nutzung von Social Media durch Unternehmen. Der Vergleich der Ergebnisse der Studie Monitor Wirtschaftskommunikation 2013 und der Studie des BVDW deutet darauf hin, dass mit der in den letzten Jahren wachsenden Bedeutung von Social Media in der Unternehmenswelt auch die Zusammenarbeit (genauer die Zahl der Beauftragungen) zwischen Unternehmen und Social-Media-Agenturen steigt. Auf weitere Trends bezüglich der Social-Media-Nutzung wird im Kapitel Social Media detaillierter eingegangen.

Im Gegensatz zur positiven Entwicklung der Zusammenarbeit zwischen den Unternehmen und den Agenturen in den Kategorien PR, Werbung, Event, Internet, Social Media und Direktmarketing entwickelt sich die Beauftragung von Design-, Media-, Kommunikations- und Full-Service-Agenturen in diesem Jahr negativ. Der Vergleich mit den Vorjahresergebnissen zeigt, dass die Kooperationen mit Designagenturen um ca. 7 Prozent und die mit Mediaagenturen um ca. 9 Prozent gesunken sind. Designagenturen haben im Ranking nur eine Position verloren und belegen den vierten Platz unter den am häufigsten beauftragten externen Dienstleistern. Die Zusammenarbeit mit Mediaagenturen rückte vom zweiten Platz auf den sechsten. Außerdem ließ sich feststellen, dass Full-Service-Agenturen drastisch an Bedeutung verloren

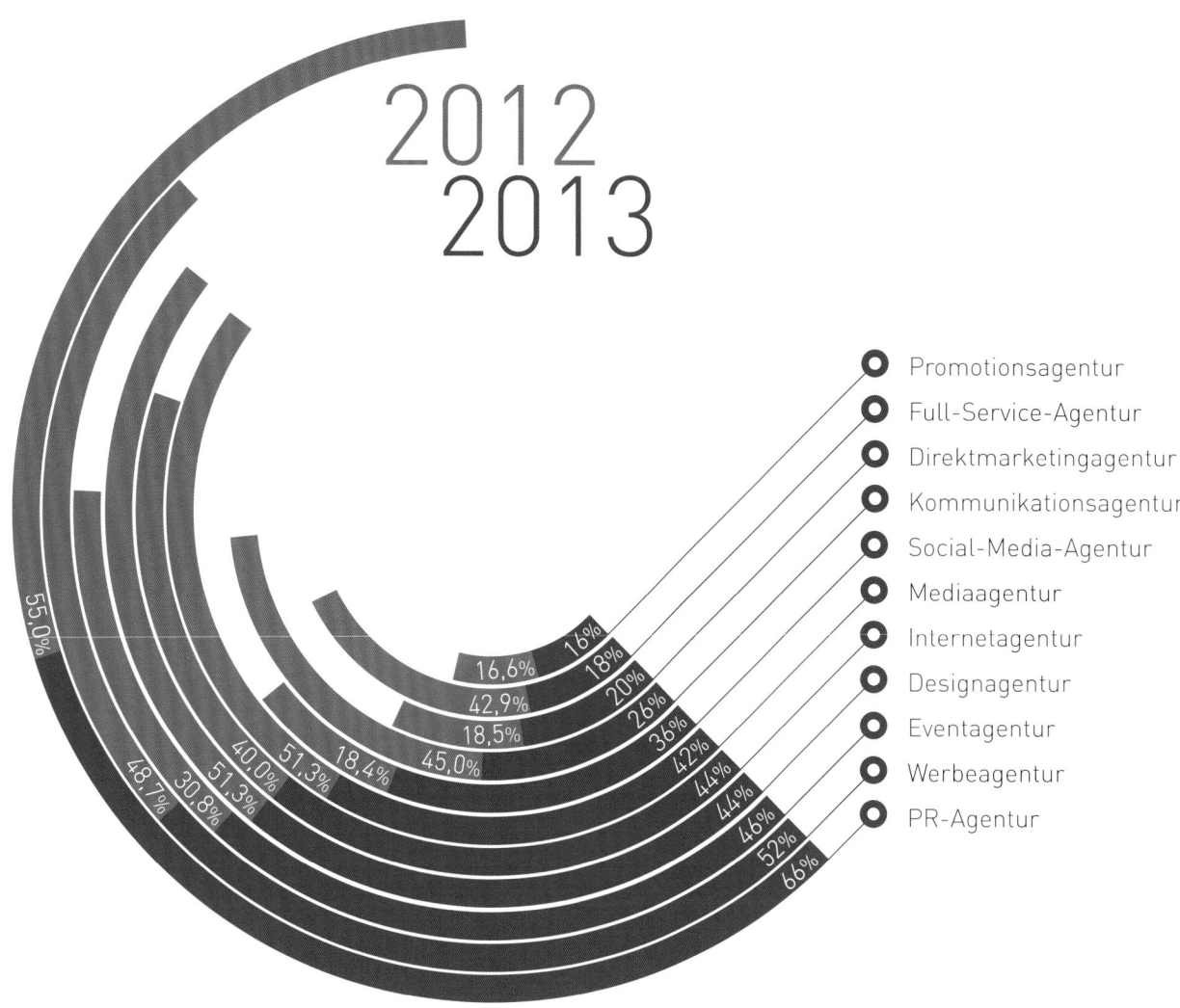

2012
2013

Promotionsagentur

Full-Service-Agentur

Direktmarketingagentur

Kommunikationsagentur

Social-Media-Agentur

Mediaagentur

Internetagentur

Designagentur

Eventagentur

Werbeagentur

PR-Agentur

55,0%
48,7%
30,8%
51,3%
40,0%
51,3%
18,4%
45,0%
18,5%
42,9%
16,6%

16%
18%
20%
26%
36%
42%
44%
44%
46%
52%
66%

Abb. 5 Zuständigkeit für die externe Kommunikation | n:48 in 2012 und n:50 in 2013

haben. Im Vorjahr lag die Beauftragung von Full-Service-Agenturen bei ca. 43 Prozent, in diesem Jahr werden hingegen nur noch 18 Prozent erreicht. Ein großer Rückgang ist auch bei der Beauftragung von Kommunikationsagenturen zu beobachten: Waren es 2012 noch 45 Prozent, verringerte sich der Anteil in diesem Jahr auf 26 Prozent.

Einsatzbereiche der externen Dienstleister

Neben der Fragestellung, mit welchen externen Agenturen die befragten Unternehmen zusammenarbeiten, ist es ebenso wichtig nachzuvollziehen, in welchen Bereichen der Wirtschaftskommunikation die Unternehmen auf die Unterstützung externer Agenturen angewiesen sind. Dies offenbart die Bedürfnisse der Unternehmen bei der Ausführung ihrer Aktivitäten in der externen bzw. internen Kommunikation. In diesem Jahr haben 77 Prozent der Unternehmen, und damit die deutliche Mehrheit, angegeben, dass sie regelmäßig im Bereich Grafik und Design durch externe Dienstleister unterstützt werden. Die Umfrage aus dem Vorjahr zeigt sehr ähnliche Ergebnisse in Bezug auf den Bereich Grafik und Design: 78 Prozent aller Befragten nahmen im Jahr 2012 die Leistungen dieser Art von externen Agenturen regelmäßig in Anspruch.

Umso auffälliger scheint hierbei der Fakt, dass trotz stabiler Nachfrage nach Design- und grafischen Dienstleistungen die Beauftragung von externen Designagenturen im Jahr 2013 gesunken ist. Dies könnte damit erklärt werden, dass einige Unternehmen den Schwerpunkt ihrer Kommunikationsaktivitäten auf andere spezialisierte Bereiche wie Social Media, Event u.a., die momentan mehr Erfolg versprechen, legen. Da grafische Konzepte aber nicht nur von Designagenturen ausgearbeitet werden, sondern die Mehrheit sonstiger Agenturen aus der Branche Wirtschaftskommunikation ebenfalls viele Designer (z.B. App-Designer, Event-Designer, Social Media Designer) beschäftigt, wird die Nachfrage nach Design- und grafischen Dienstleistungen wohl durch diese sonstigen Agenturen bedient.

In den Bereichen Konzeption/Strategie, Projektmanagement, Kommunikationscontrolling und Organisation werden weniger als 21 Prozent der Unternehmen durch externe Dienstleister unterstützt. Dies könnte darauf hinweisen, dass die Mehrheit der Unternehmen über eigene Spezialisten in den genannten Bereichen verfügt.

Aus den Ergebnissen der Befragung lässt sich leider nicht ableiten, ob die Unternehmen, die die Frage nach der Zusammenarbeit mit externen Dienstleistern negativ beantwortet haben, früher derartige Leistungen in Anspruch nahmen und vielleicht mit der Zusammenarbeit mit externen Agenturen unzufrieden waren, sodass sie auf weitere Kooperationen verzichteten. Hingegen konnten die Unternehmen, die auf die Frage eine positive Antwort gaben, ihre Zufriedenheit bzw. Unzufriedenheit bei der Zusammenarbeit mit externen Dienstleistern einschätzen.

Zufriedenheit bezüglich der Zusammenarbeit mit externen Dienstleistern

Bei den Ergebnissen dieser Einschätzung fällt auf, dass die befragten Unternehmen einen großen Wert auf Schnelligkeit und Flexibilität der externen Dienstleister legen. Diese Eigenschaften stehen mit 57,1 Prozent an erster Stelle, es folgt die Qualität der Arbeit (53,1 Prozent) sowie das Preis-Leistungs-Verhältnis (51 Prozent) der externen Dienstleister. Im Vergleich zum Vorjahr zeigt sich, dass Flexibilität und Schnelligkeit für die befragten Unternehmen mit 77,5 Prozent auch vor einem Jahr schon von besonderer Wichtigkeit waren. Zwar zeigen die diesjährigen Ergebnisse im Vergleich zu denen des Vorjahres einen Rückgang an, doch stehen die Eigenschaften Schnelligkeit und Flexibilität noch immer auf der ersten Position.

Die Qualität der Arbeit steht im Jahre 2013 mit 53,1 Prozent auf Position zwei. Dieser Fakt ist im Vergleich mit dem Vorjahr besonders erstaunlich, da damals die Qualität noch bei 23,7 Prozent lag. Es lässt sich ein bemerkenswerter Zuwachs feststellen. Ein solcher Trend lässt sich ebenfalls beim Preis-Leistungs-Verhältnis verzeichnen. Während im Jahr 2012 an dieser Stelle 41 Prozent zu verzeichnen waren, stieg dieser Wert innerhalb eines Jahres auf 51 Prozent an. Es lässt sich also sagen, dass vorrangig nicht mehr nur die Eigenschaften Schnelligkeit und Flexibilität zählen, sondern die Arbeitsqualität und das Preis-Leistungs-Verhältnis inzwischen eine fast ebenso große Rolle spielen, wenn es für die Unternehmen darum geht, die Zufriedenheit mit den externen Dienstleistern zu bewerten.

Der zuvor beschriebene Trend spiegelt sich in der Studie „Agenturen der Zukunft" ebenfalls wider, in der untersucht wird, wie sich zukünftige Agenturmodelle entwickeln müssen, um erfolgreich auf dem Markt bestehen zu können. Hieraus geht hervor, dass Agenturen früher entweder einen Full-Service-Anbieter darstellten oder auf spezialisierte Serviceangebote ausgerichtet waren. Um eine Prognose für die bevorstehende Entwicklung geben zu können, wurde nach bewahrenswerten und zukünftigen Kompetenzen innerhalb einer Agentur gefragt.

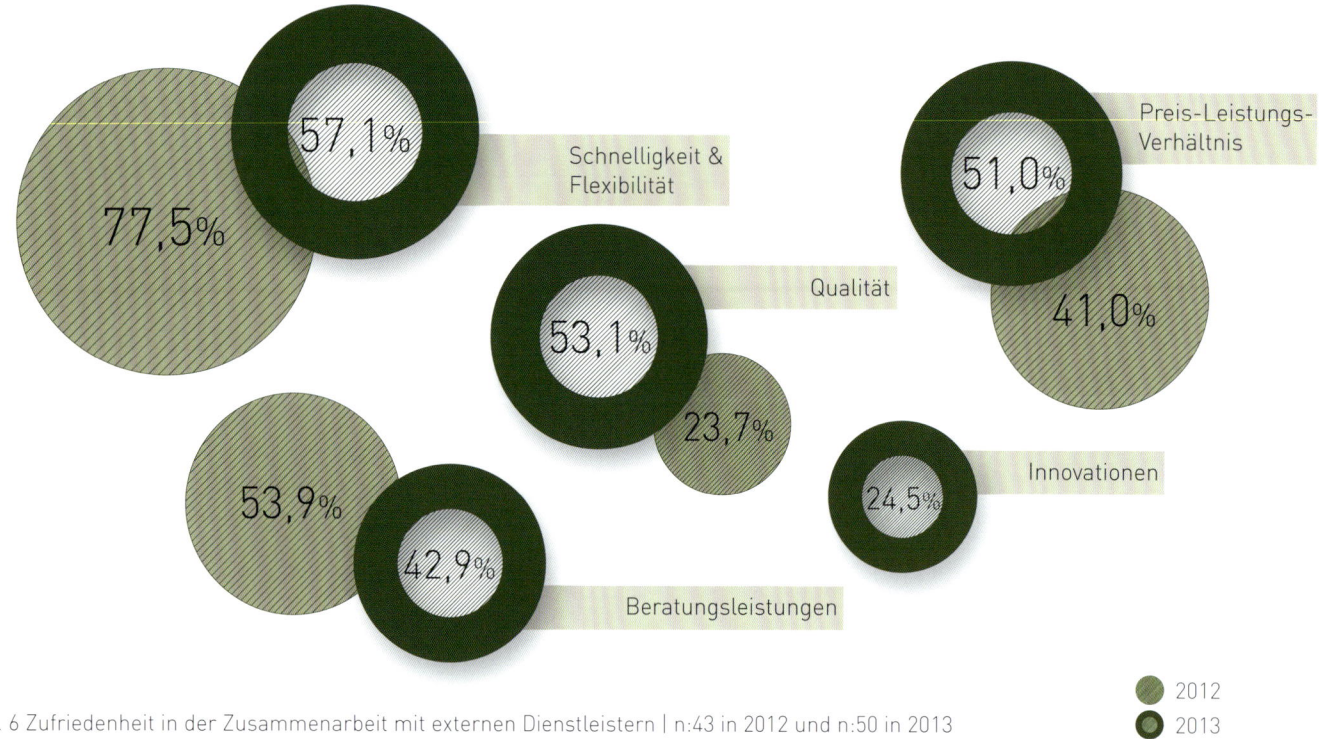

57,1% Schnelligkeit & Flexibilität

77,5%

Preis-Leistungs-Verhältnis

51,0%

Qualität

53,1%

41,0%

23,7%

53,9%

Innovationen

24,5%

42,9%

Beratungsleistungen

2012
2013

Abb. 6 Zufriedenheit in der Zusammenarbeit mit externen Dienstleistern | n:43 in 2012 und n:50 in 2013

Die Ergebnisse dieser Studie zeigen, dass auch hier die Flexibilität an oberster Position bei den zukünftigen Eigenschaften von Agenturen steht, während sie bei den bewahrenswerten den zweiten Platz einnimmt. Dementsprechend kann gesagt werden, dass die externen Dienstleister selbst erkannt haben, dass die Fähigkeit, flexibel zu sein, in dieser Branche sehr wichtig ist.[6] Insgesamt zeichnet sich der Trend ab, dass externe Dienstleister und Agenturen besonders flexibel sein müssen.

Aus den Ergebnissen des Monitors lässt sich ableiten, dass die befragten Unternehmen bezüglich der Flexibilität der externen Dienstleister zufrieden waren. Demgegenüber stehen Beratungsleistungen sowie Innovationen, die von externen Dienstleistern geleistet beziehungsweise angestoßen werden. Beide Positionen zeigen, dass die Unternehmen in diesen Bereichen eher weniger zufrieden mit der Arbeit der externen Dienstleister sind. In der Studie „Warum Kunden kündigen!" von Burrack New Business Advice wurde untersucht, weshalb Unternehmen ihren Agenturen und externen Dienstleistern kündigen. Hier kam man zu dem Ergebnis, dass 38 Prozent der Befragten eine Agentur aufgrund von Unzufriedenheit bei der operativen Beratung verlassen. Ein weiterer Grund ist mit 21 Prozent die mangelnde strategische Beratung.[7] Diese Ergebnisse unterstreichen die des Monitors Wirtschaftskommunikation 2013. In beiden Studien zeigt sich, dass im Bereich der Beratungsleistungen von externen Dienstleistern noch Verbesserungspotenzial besteht. Weitere Gründe für das Kündigen von Agenturen, die aus der Studie von Burrack New Business Advice hervorgehen, liegen in den mangelnden Kreativleistungen der Dienstleister (33 Prozent) sowie in Fehlern bei der Angebots- und Rechnungserstellung (8 Prozent).[8]

Der Einsatz von Kommunikationsinstrumenten und dessen Bedeutung für Unternehmen

Des Weiteren wurde unter der Überschrift „Strukturen" der Einsatz von Kommunikationsinstrumenten in Unternehmen untersucht. Dabei sollte ermittelt werden, welche Instrumente in Organisationen für die Kommunikation eingesetzt und wie häufig diese genutzt werden.

Es hat sich gezeigt, dass für die Unternehmen besonders die identitätsschaffenden Instrumente Mitarbeiterkommunikation, Public Relations, Online-Marketing und Social Media eine entscheidende Rolle spielen und kontinuierlich genutzt werden. Deutlich wird, dass der Trend in Richtung Online-Kommunikation geht, denn gerade das Online-Marketing wird mit 66,3 Prozent sehr intensiv genutzt und übersteigt damit die Nutzung von Online-Werbung im Jahr 2012 um 12,3 Prozent. Dies signalisiert, dass die Organisationen erkannt haben, wie wichtig das Internet für ihre Kommunikation ist. An den Bereich Social Media tasten sich die Unternehmen zwar noch langsam heran, aber auch hier wird die große Bedeutung des Instruments mit einer Nutzung von 65 Prozent deutlich.

Die regelmäßige Nutzung der klassischen Instrumente nimmt hingegen ab. Bei der Außenwerbung ist der Anteil der regelmäßigen Nutzung von 42,9 Prozent im Vorjahr auf 20,3 Prozent gravierend gesunken. Auch die Fernseh-/Hörfunkwerbung hat in der kontinuierlichen Nutzung mit 22,8 Prozent um 6,9 Prozent im Vergleich zum Vorjahr abgenommen. Nicht ganz so extrem wie erwartet, aber dennoch deutlich, wird dieser Trend auch bei der Printwerbung. Noch 41,3 Prozent der Unternehmen nutzen Printwerbung regelmäßig, was dennoch 15,3 Prozent weniger als 2012 sind. Ein Großteil der befragten Unternehmen gab an, dass sie die klassische Werbung nur gelegentlich bis gar nicht nutzen, nur wenige hingegen nutzen sie noch regelmäßig. Dieses Ergebnis bestätigt die Prognose aus dem Jahr 2010, die im Rahmen der Studie zu

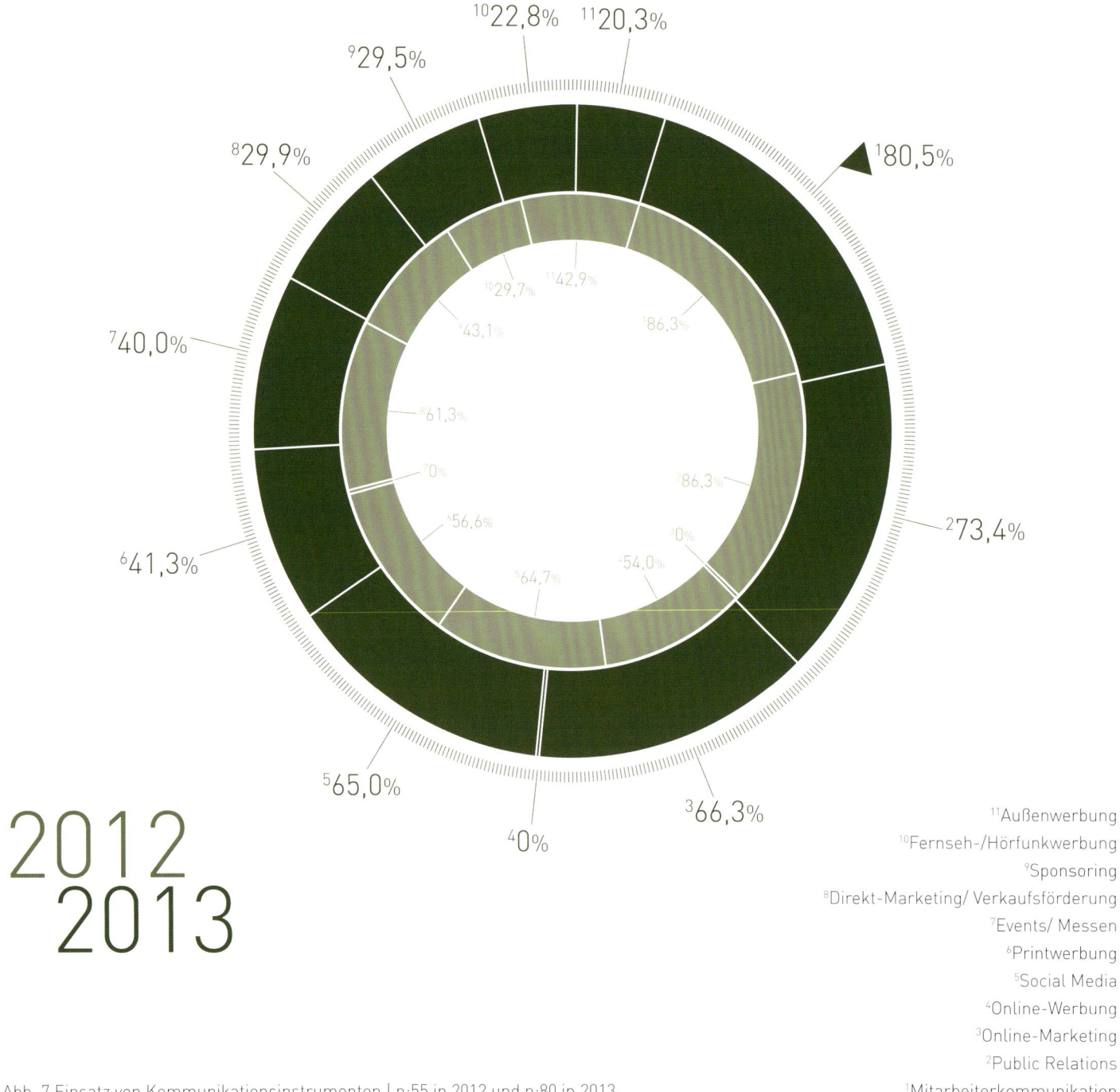

10 22,8%   11 20,3%

9 29,5%

8 29,9%

10 29,7%   11 42,9%

43,1%   1 86,3%

1 80,5%

7 40,0%

8 61,3%

7 0%   2 86,3%

2 73,4%

6 41,3%

5 56,6%   4 0%

6 64,7%   3 54,0%

5 65,0%

4 0%

3 66,3%

2012
2013

Abb. 7 Einsatz von Kommunikationsinstrumenten | n:55 in 2012 und n:80 in 2013

11 Außenwerbung
10 Fernseh-/Hörfunkwerbung
9 Sponsoring
8 Direkt-Marketing/ Verkaufsförderung
7 Events/ Messen
6 Printwerbung
5 Social Media
4 Online-Werbung
3 Online-Marketing
2 Public Relations
1 Mitarbeiterkommunikation

Sponsoring Trends gemacht wurde.[9] Hierbei wurde die Entwicklung verschiedener Kommunikationsinstrumente von diversen Unternehmen eingeschätzt, dabei waren 47,5 Prozent der Befragten der Meinung, dass die Bedeutung der klassischen Werbung abnehmen wird.

Ein abnehmender Trend lässt sich ebenfalls beim Direktmarketing mit 29,9 Prozent sowie beim Sponsoring mit 29,5 Prozent erkennen, da diese weniger intensiv genutzt werden als es noch 2012 der Fall war. Dies hatte sich bereits im Vorjahr abgezeichnet, da die befragten Organisationen die Bedeutung der beiden Instrumente als erheblich niedriger angegeben hatten, als sie diese tatsächlich nutzten. Das diesjährige Ergebnis zeigt, dass sie diese Diskrepanz erkannt und ihre Schwerpunkte bei der Wahl der Kommunikationsinstrumente anders gesetzt haben.

Da Online-Kommunikation sehr häufig von den Unternehmen eingesetzt wird, ist es wichtig zu betrachten, welche Informations- und Austauschmöglichkeiten die befragten Organisationen auf ihrer Webseite bereitstellen. Dabei fällt auf, dass viele Unternehmen sehr stark auf E-Mail-Marketing setzen, da 63,5 Prozent der Befragten angeben, einen Newsletter auf ihrer Webseite anzubieten. Auch ein leichter Anstieg von 0,5 Prozent im Vergleich zum Vorjahr ist zu erkennen. Das verdeutlicht die Bedeutung von Newslettern für Unternehmen im Jahr 2013, die auch von den Ergebnissen der PR-Gateway-Studie von 2012 zur Zukunft der Unternehmenskommunikation gestützt wird, derzufolge ca. die Hälfte der Befragten regelmäßig E-Mail-Newsletter nutzt, um Informationen zu kommunizieren.[10]

Sowohl RSS-Feeds mit 30,6 Prozent als auch Share Buttons mit 32,9 Prozent gelten als wichtig für Kommunikation und Informationsverbreitung, da sie die direkte Verbindung zu der Zielgruppe eines Unternehmens darstellen. Jedoch bietet der Einsatz von Share Buttons noch Entwicklungspotenzial für Unternehmenswebseiten, wenn man den aktuellen Trend in Richtung Social Media berücksichtigt. Im mittleren

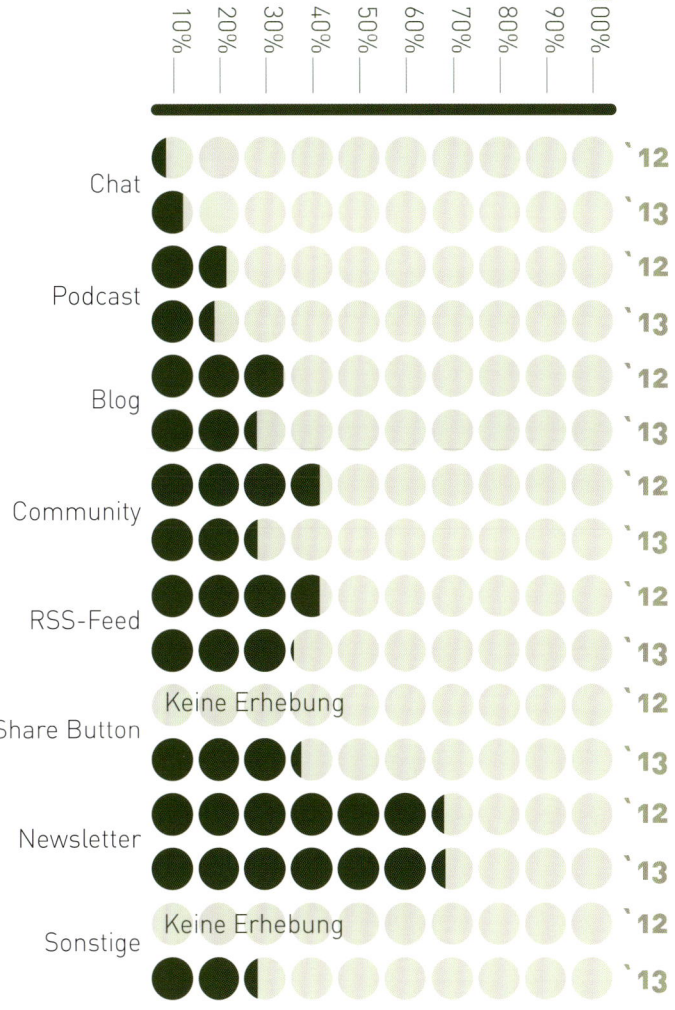

Abb. 8 Angebot von Informations- und Austauschmöglichkeiten auf der Webseite der befragten Unternehmen | n:55 in 2012 und n:85 in 2013

Feld, und damit noch nicht besonders intensiv genutzt, befinden sich mit 23,5 Prozent Communities auf Webseiten und mit ebenfalls 23,5 Prozent die Einbindung von Blogs. Ein ähnliches Bild in Bezug auf die Einbindung von Blogs spiegelt sich in der bereits erwähnten PR-Gateway-Studie von 2012 wider. Hier sind es nur 19,4 Prozent der Befragten, die Blogs nutzen.[11]

Podcasts und Chats werden kaum als Informations- bzw. Austauschmöglichkeit auf Unternehmenswebseiten genutzt. Jedoch ist im Vergleich zum Vorjahr bei der Nutzung von Chats mit 7,1 Prozent ein Anstieg von 3,4 Prozent zu erkennen. Diese Kommunikationsmöglichkeit ist daher zu beobachten, um zu ermitteln, ob die Nutzung von Chats auf Unternehmenswebseiten weiterhin steigt.

Akzeptanz der Kommunikationsarbeit innerhalb der Organisation

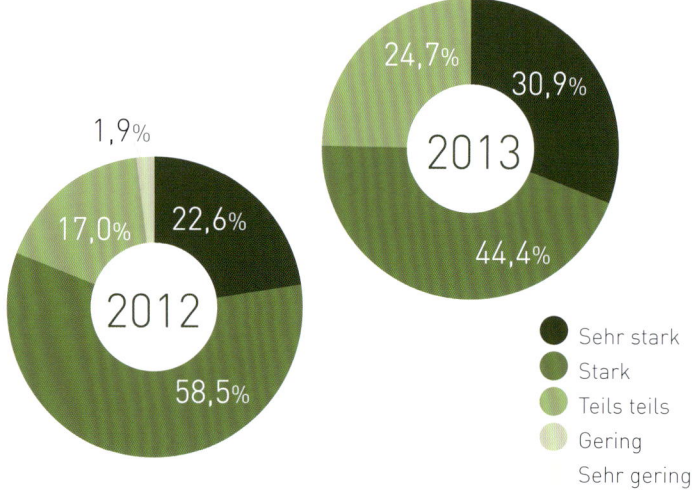

Abb. 9 Akzeptanz der Kommunikationsarbeit innerhalb der Organisation | n:55 in 2012 und n:81 in 2013

Die vorliegende Befragung zum Thema Strukturen in der Kommunikationsarbeit sollte auch Aussagen darüber erhalten, wie die Arbeit der Kommunikationsverantwortlichen im Unternehmen akzeptiert wird. Erkenntnisse darüber sind wichtig, um zum einen herauszufinden, wie die Arbeit und Mühe der Kommunikationsabteilung bzw. des Kommunikationsmanagers akzeptiert und anerkannt wird und zum anderen, um Rückschlüsse auf die Zufriedenheit der Mitarbeiter in ihrem Unternehmen ziehen zu können. Der Zusammenhang zwischen der Akzeptanz der Kommunikationsarbeit und der Mitarbeiterzufriedenheit besteht darin, dass Mitarbeiter, deren Arbeit geschätzt wird und die das Gefühl haben, dass sie einen Beitrag zum Erfolg des Unternehmens leisten können, mit ihrem Arbeitsplatz zufriedener sind. Im Umkehrschluss erbringen zufriedene Mitarbeiter, die sich an ihrem Arbeitsplatz wohl fühlen, auch bessere Leistungen und sind somit eine wichtige Ressource für jedes Unternehmen. Aus diesem Grund ist es ein wichtiger

Aspekt, die Akzeptanz der Kommunikationsarbeit im Rahmen des Monitors Wirtschaftskommunikation 2013 zu untersuchen.

In dem versendeten Fragebogen wurde folglich danach gefragt, wie die Befragten die Akzeptanz der Kommunikationsarbeit innerhalb ihrer Organisation einschätzen. Die diesjährigen Ergebnisse des Monitors zeigen, dass die Kommunikationsarbeit in den Unternehmen mit 44,4 Prozent stark akzeptiert wird. 30,9 Prozent gaben sogar an, dass die Kommunikationsarbeit sehr stark akzeptiert wird. Folglich äußerten sich 75,3 Prozent derjenigen, die diese Frage beantwortet haben, positiv bezüglich der Akzeptanz ihrer Arbeit. Erwähnenswert ist auch die Tatsache, dass sich niemand negativ geäußert hat, das heißt, dass kein Befragter geantwortet hat, dass seine Arbeit gering oder sehr gering akzeptiert wird. Jedoch gab gut ein Viertel der Befragten an, dass ihre Arbeit nur zu Teilen akzeptiert wird.

Setzt man die diesjährigen Ergebnisse in Vergleich zu denen aus dem letzten Jahr, so ist zunächst keine signifikante Entwicklung zu erkennen. Positiv ist zu bemerken, dass im Monitor 2012 noch zwei Prozent angaben, dass ihre Arbeit nur gering akzeptiert wird, während im Jahr 2013 niemand mehr eine geringe Akzeptanz für die Kommunikationsarbeit empfand. Im Vergleich zum Vorjahr 2012 hat der Anteil jener, die angaben, dass ihre Arbeit stark akzeptiert wird, von 59 Prozent auf 44 Prozent abgenommen, was zunächst einen negativen Trend vermuten lässt. Jedoch hat der Anteil derjenigen, deren Arbeit sehr stark akzeptiert wird, von 23 Prozent auf 31 Prozent zugenommen, was eine sehr positive Entwicklung darstellt. Betrachtet man noch jene, die angaben, dass ihre Arbeit in Teilen akzeptiert wird, so waren dies 2013 schon 25 Prozent im Vergleich zum Vorjahr mit 17 Prozent. Die Veränderungen zum Vorjahr lassen vermuten, dass jene, die 2012 angaben, dass die Kommunikationsarbeit stark akzeptiert wird, zu gleichen Teilen ihre Meinung, nämlich jeweils zu ca. acht Prozent, zu „sehr starker Akzeptanz" verbessert bzw. zu „teils teils Akzeptanz" verschlechtert haben.

Auch andere Studien haben ähnliche Aussagen bezüglich der Akzeptanz der Kommunikationsarbeit getroffen. Aus dem Trendmonitor Interne Kommunikation 2011 geht beispielsweise hervor, dass knapp über 50 Prozent der Befragten angaben, dass sie zufrieden mit der Anerkennung bzw. Wertschätzung sind, die sie von ihrer Chefetage erfahren.[12] Hiervon gaben 14 Prozent sogar an, diesbezüglich sehr zufrieden zu sein. Knapp über 20 Prozent der Befragten äußerten sich jedoch unzufrieden bezüglich der Anerkennung bzw. Wertschätzung durch die Chefetage. Hiervon waren drei Prozent sehr unzufrieden. Aus dieser Studie geht ebenfalls hervor, dass die Akzeptanz der Kommunikationsarbeit im Allgemeinen groß ist, auch wenn sich in dieser Studie ein Fünftel negativ über die Wertschätzung durch die Chefetage äußerte.
Bezugnehmend zu dem bereits genannten Zusammenhang zwischen der Akzeptanz der Arbeit der einzelnen Mitarbeiter und deren Zufriedenheit mit ihrem Arbeitsplatz lassen die Ergebnisse der vorliegenden

Befragung vermuten, dass die Kommunikationsverantwortlichen zufrieden mit ihrem Arbeitsplatz sind. Zu diesem Ergebnis kommt auch die Umfrage des Sozio-oekonomischen Panels (SOEP) 2011.[13] Hier hatten die Befragten die Möglichkeit, die eigene Zufriedenheit mit ihrem Arbeitsplatz auf einer Skala von 0 (ganz und gar unzufrieden) bis 10 (ganz und gar zufrieden) einzuordnen. Dabei haben 67,2 Prozent angegeben, zufrieden mit ihrem Arbeitsplatz zu sein, indem sie sich auf der Skala bei 7 bis 10 einordneten, wobei der meistgenannte Wert auf der Skala die 8 war.
Bezüglich der Akzeptanz der Kommunikationsarbeit lässt sich also schlussfolgern, dass diese in den befragten Unternehmen stark bis sehr stark ist. Ein Viertel der Befragten antwortete auf die Frage nach der Akzeptanz der Kommunikationsarbeit mit „teils teils". Hier besteht für die Unternehmen noch Verbesserungspotenzial, sodass sich auch diese Befragten zukünftig positiver äußern können.

Fazit

Nachdem nun die Kommunikationsstrukturen, die in den befragten Unternehmen vorherrschend sind, untersucht und in Vergleich zu anderen Studien sowie den Ergebnissen aus dem Vorjahr gesetzt wurden, kann abschließend festgestellt werden, dass die Kommunikationsstrukturen einer stetigen Weiterentwicklung unterliegen. Ein Trend, der aus den gewonnenen Daten erkennbar ist, umfasst die wachsende Bedeutung der Kommunikationsarbeit der Geschäftsführung sowohl intern als auch extern. Die Ergebnisse des Schwerpunktthemas, der Einsatz externer Dienstleister, zeigen einen deutlichen Rückgang der Inanspruchnahme von externen Spezialisten. Dieser Trend hatte sich bereits 2011 angedeutet. Trotz der gegenwärtigen Abnahme der Auftragsvergabe an externe Dienstleister werden im Bereich der Wirtschaftskommunikation noch immer 60 Prozent engagiert. Es zeichnet sich ab, dass externe Dienstleister für die Bereiche PR, Werbung, Event, Internet, Social Media und Direktmarketing eine positive Entwicklung bezüglich der Zusammenarbeit verzeichnen. Im Gegensatz dazu entwickelt sich die Beauftragung von Design-, Media-, Kommunikations- und Full-Service-Agenturen negativ.

Ebenso wichtig ist der Trend hinsichtlich der Einsatzbereiche von externen Dienstleistern. Hier wurde dieses Jahr deutlich, dass Unternehmen regelmäßig im Bereich Grafik und Design durch externe Dienstleister unterstützt werden. Dabei handelt es sich jedoch nicht ausschließlich um Designagenturen, wie bereits oben beschrieben, sondern offenbar mehr um sonstige Agenturen. Des Weiteren legen einige Unternehmen bereits den Schwerpunkt ihrer Kommunikationsaktivitäten auf spezialisierte Bereiche wie beispielsweise Social Media und Events. Im Bereich der Zufriedenheit mit externen Dienstleistern lässt sich abschließend sagen, dass diese zukünftig weiterhin ihre Schnelligkeit und Flexibilität unter Beweis stellen müssen.

Einen weiteren Trend spiegeln die Ergebnisse der Kommunikationsinstrumente wider. Die Unternehmen sind stets gezwungen, ihre Kommunikationsinstrumente an ihre Zielgruppen sowie neue gesellschaftliche Entwicklungen anzupassen. Hier müssen die Unternehmen flexibel reagieren und mit der teils schnellen Entwicklung mitgehen, um ihre potenziellen Kunden stets erreichen zu können. So hat sich gezeigt, dass die befragten Organisationen den Trend erkannt haben und verstärkt auf Online-Kommunikation setzen. Sie haben realisiert, welche Bedeutung das Online-Marketing für ihre Kommunikation hat. Hingegen ist auffällig, dass die klassische Werbung nicht mehr so regelmäßig genutzt wird, wie es noch im letzten Jahr der Fall war.

Ein weiteres Ergebnis der Befragung ist, dass die Arbeit der Kommunikationsverantwortlichen von den Kollegen sowie von den Vorgesetzten akzeptiert und wertgeschätzt wird. Jedoch ist auch an dieser Stelle noch Verbesserungspotenzial vorhanden, da noch nicht alle Befragten von einer großen Akzeptanz sprechen können.

Fußnoten & Quellenverzeichnis

1 Vgl. http://wirtschaftslexikon.gabler.de/Definition/struktur.html (Stand: 01.07.2013).

2 Vgl. index-Expertenbefragung (2011/2012): Interne Kommunikation.

3 & 4 Vgl. Zentralverband der deutschen Werbewirtschaft/ZAW (2013): Werbung in Deutschland 2013, Berlin: Verlag edition ZAW. S.27.

5 Vgl. Bundesverband Digitale Wirtschaft/BVDW (2012): Einsatz und Nutzung von Social Media in Unternehmen, Düsseldorf: BVDW, www.bvdw.org/mybvdw/media/download/bvdw-studienergebnis-social-media-in-unternehmen-teil2-teil3.pdf?file=2512; Stand 30.07.2013.

6 Vgl. Jelden, Jörd (2012): Jelden TTC/ Crowdworx- Umfrage „Agenturen der Zukunft", http://www.agenturenderzukunft.de/wordpress/wp-content/uploads/ADZ_Studie_Titel_Doppelseiten_RZ.pdf; Stand: 30.07.2013.

7 & 8 Vgl. Burrack NB-Advice: Warum Kunden kündigen!, http://www.burrack.de/11-0-Studie+3.htm; Stand: 30.07.2013.

9 Vgl.Hermanns, Arnold & Lemân, Fritjof (2010): Sponsoring Trends 2010, http://www.bbdo.de/_download/pdf/Sponsoring_Trends_2010.pdf; Stand: 24.07.2013. S.24.

10 & 11 Vgl. PR-Gateway (2012): Online-PR Studie: Zukunft der Unternehmenskommunikation; www.pr-gateway.de/white-papers/online-pr-studie-unternehmenskommunikation; Stand 29.07.2013. S.7.

12 Vgl. School for Communication and Management/SCM (2011): Trendmonitor Interne Kommunikation 2011, http://www.scmonline.de/sites/default/files/download_files/scm_trendmonitor_internekommunikation_2011_kurzversion_3_0.pdf; Stand: 26.07.2013.

13 Vgl. TNS Infratest Sozialforschung (2011): Sozio-oekonomisches Panel (SOEP) 2011.

ENTWICKLUNGEN

KAPITEL II

von Lena Wenk | Nico Siewert | Barbara Schulz

Im nachfolgenden Kapitel geht es um Entwicklungen innerhalb der Wirtschaftskommunikation, die im Rahmen des Monitors 2013 ermittelten wurden. Dabei werden zum einen die Herausforderungen dargestellt, denen sich Kommunikationsexperten in Unternehmen im deutschsprachigen Raum stellen müssen, zum anderen wird die Entwicklung des Budgets der Kommunikationsabteilungen beschrieben. Zugleich wird die Bedeutung einzelner Instrumente der Wirtschaftskommunikation beleuchtet und in Relation zu den jeweils zur Verfügung stehenden Etats gesetzt.

Herausforderungen

Deutschland gehört zu den am stärksten globalisierten Ländern der Welt.[1] Diese Tatsache wie auch der gesellschaftliche Wertewandel tragen dazu bei, dass sich die Herausforderungen in der Arbeitswelt heutzutage stark verändern, wobei festzuhalten ist, dass gerade das Anforderungsprofil von Kommunikationsexperten sehr komplex ist. Bei der breiten Palette an Herausforderungen, denen sich die Fachleute täglich stellen müssen, zeigt sich allerdings im Monitor 2013, dass dem Faktor Internationalisierung nur eine geringe Bedeutung beigemessen wird (23 Prozent, 2012: 27 Prozent). Als viel wesentlicher wird dagegen die steigende Komplexität von Märkten und Produkten gewertet, mehr als die Hälfte der Befragten sehen hier eine Schwierigkeit.

Generell liegt die Verteilung der Häufigkeiten relativ eng beieinander. Ganz oben in der Rangliste steht, wie auch schon 2012, die „Informationsflut", 58 Prozent der Teilnehmer sehen in ihr weiterhin die größte Herausforderung. Hier zeichnet sich bereits die technologische Entwicklung im Berufsalltag ab, was spätestens dadurch deutlich wird, das fast die Hälfte der Befragten die neu hinzugefügte Antwortoption „Digitalisierung" wählten. Gleichauf bei einer Zunahme von 16 Prozent gegenüber 2012 liegt die Herausforderung „zunehmende Arbeitsbelastung". Dies bestätigt, dass auch in der Wirtschaftskommunikationsbranche das Thema Work-Life-Balance zu einem wichtigen Handlungsfeld wird.

In den Unternehmen wird man sich zukünftig darüber Gedanken machen müssen, mit welchen Maßnahmen der Verdichtung, Beschleunigung und Komplexität am Arbeitsplatz entgegengewirkt werden kann. Zeit wird zu einem immer knapperen Gut, immer schneller dreht sich das „Hamsterrad", in dem sich mancher Erwerbstätiger gefangen sieht. In der Arbeitskräfteerhebung, die in Deutschland derzeit in den Mikrozensus integriert ist, gaben 39 Prozent der Vollzeiterwerbstätigen in Leitungs- und Führungspositionen an, gewöhnlich mehr als 48 Stunden in der Woche zu arbeiten. Die durchschnittliche Wochenarbeitszeit von Vollzeitbeschäftigen wurde 2011 mit 42 Stunden ermittelt. Psychische Belastungen am Arbeitsplatz durch Zeitdruck und Arbeitsüberlastung nehmen zu. In einer Erhebung der AOK kamen im Jahr 2011 auf 1.000 Mitglieder durchschnittlich 4,8 Fälle mit Burn-out-Erkrankungen, 2005 war es gerade mal ein Fall.[2]

Arbeitszeitflexibilität kann Entlastung bringen und sollte daher von den Unternehmen noch stärker in den Fokus gerückt werden. Ein Beleg dafür findet sich in der Befragung durch die Wirtschaftsprüfungsgesellschaft PricewaterhouseCoopers (PwC), bei der Anfang 2010 rund 5.700 Mitarbeiter aus 113 Ländern unter anderem nach ihren Wünschen zu einer besseren Work-Life-Balance befragt wurden.[3] Der Aspekt flexible Arbeitszeiten erreicht mit 39 Prozent den höchsten Wert, 36 Prozent der Mitarbeiter hoffen darauf, in der kommenden Dekade ein ausgewogeneres Verhältnis zwischen Arbeit und Privatleben zu haben. In Deutschland arbeiten im Bereich Kommunikation und Information bereits 68 Prozent der Arbeitnehmerinnen und Arbeitnehmer in einem flexiblen Arbeitszeitmodell.[4]

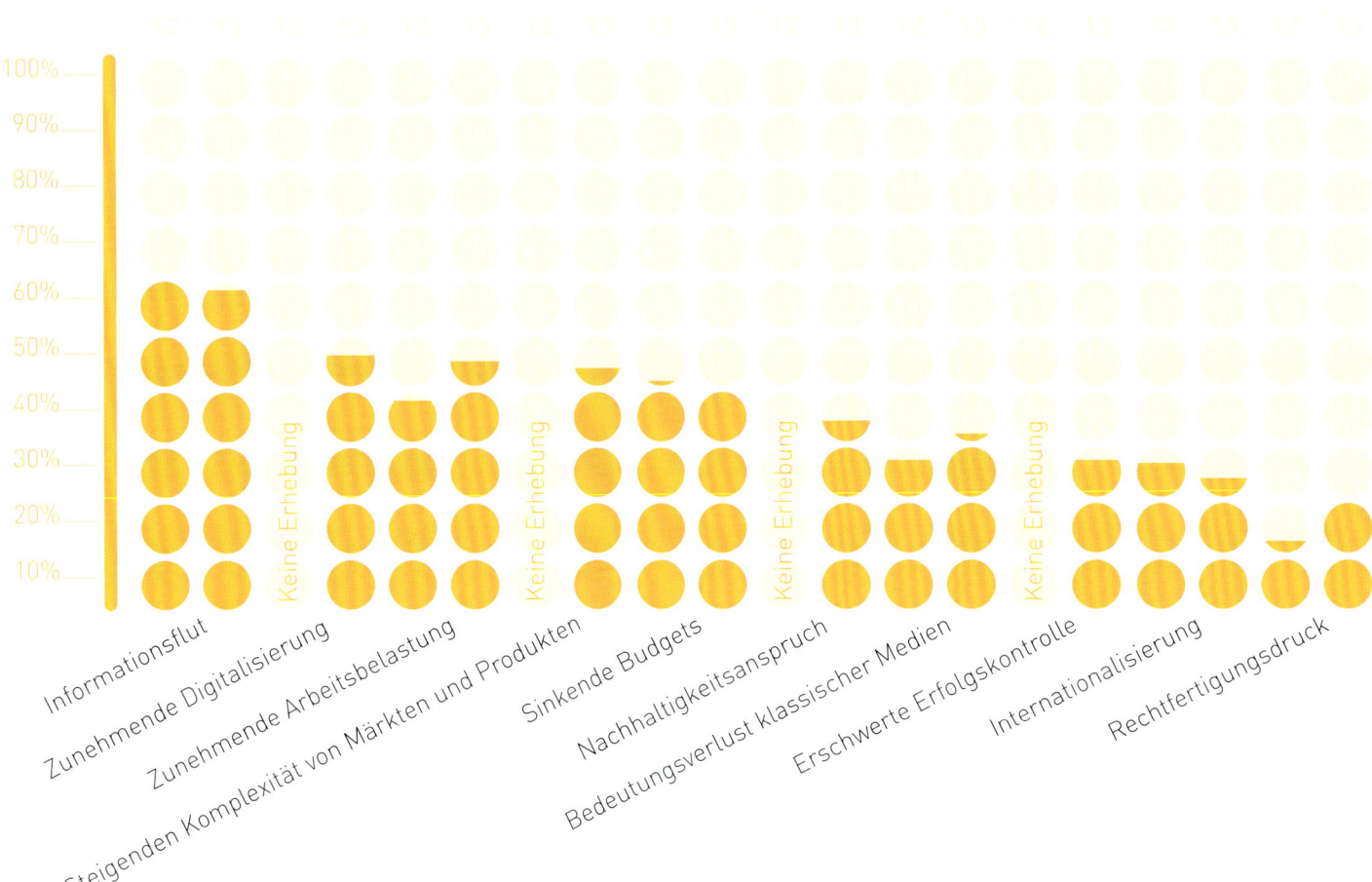

Abb. 10 Zukünftige Herausforderungen der Kommunikationsabteilungen | n:55 in 2012 und n:84 in 2013

Der Frage, wie Personalpolitik gestaltet sein muss, um gesellschaftlichen Trends und sich verändernden Organisationstypen gerecht zu werden, gehen Wissenschaftler der Technischen Universität Darmstadt und der Universität Mainz im Rahmen der interdisziplinären Großstudie „Zukunft der Arbeitswelt 2030" nach. Ein Bereich wird der Förderung und dem Erhalt von lebenslanger Gesundheit zugeschrieben, was unterstreicht, dass es bei der Zunahme von psychischen Erkrankungen und Burn-out-Fällen unerlässlich ist, Gesundheitsmanagement als personalwirtschaftliches Handlungsfeld zu implementieren.

Ein weiterer gesellschaftlicher Trend ist in der Sensibilisierung für Nachhaltigkeit zu sehen. Das Marketingverständnis wurde in den vergangenen Jahren entsprechend angepasst und um die Teildisziplin des Nachhaltigkeitsmarketings erweitert.[5] 35,5 Prozent der im Monitor 2013 befragten Teilnehmer sehen hier eine Herausforderung für ihre Kommunikationsabteilung. Ob unzureichend zur Verfügung stehende finanzielle Mitteln für nachhaltige und überzeugende CSR-Maßnahmen der Grund sind, bildet der Monitor 2013 allerdings nicht ab. Grundsätzlich sehen 40,5 Prozent der Befragten (2012: 41,7 Prozent) die Schwierigkeit in sinkenden Budgets bei gleichzeitigem Anstieg der Belastung am Arbeitsplatz und der wachsenden Anspruchshaltung durch die Stakeholder. Das gerade Letzteres nicht nur in Deutschland als wesentliche Herausforderung angesehen betrachtet wird, zeigt sich in der Meinung von fast zwei Drittel der Befragten des European Communication Monitor 2013.[6]

Budgetentwicklung der Kommunikationsabteilung

Um zu überprüfen, wie sich das Budget der Kommunikationsabteilungen über die Jahre entwickelt hat und inwieweit sinkende Budgets eine Herausforderung darstellen, wurde zunächst nach der Entwicklung des Gesamtetats der Kommunikationsabteilung im laufenden Geschäftsjahr 2013 gefragt. Das Ergebnis ist ähnlich wie das des Vorjahres, so blieb das Budget für die Kommunikationsabteilungen in diesem Jahr bei fast der Hälfte unverändert. Demgegenüber stehen 30,4 Prozent, die mit einem geringeren Etat auskommen müssen, und 22,8 Prozent, die sich über eine Budgeterhöhung freuen konnten.

Eine Umfrage von Facit Research, die ebenfalls im Januar 2013 durchgeführt wurde und 50 hochrangige Marketingentscheider und Geschäftsführer nach der Entwicklung des Marketingbudgets 2013 verglichen mit 2012 fragte, führte zu folgendem Ergebnis: 36 Prozent der Befragten gaben an, dass ihnen ein höheres Budget für Marketingaktivitäten zur Verfügung steht, bei 52 Prozent gab es keine Veränderungen und lediglich 12 Prozent müssen im Vergleich zum Vorjahr mit einem geringeren Budget auskommen.[7] Die leicht unterschiedlichen Ausprägungen können damit erklärt werden, dass Kommunikation und Marketing in Unternehmen zwar in starker Relation stehen, jedoch nicht gleichzusetzen sind.

Ob diese Veränderungen auch repräsentativ für ganz Europa sind, zeigt im Weiteren der Vergleich mit dem European Communication Monitor 2013. Hier gaben 14,8 Prozent der Befragten eine Zunahme beim Kommunikationsbudget an, bei 44,1 Prozent blieb das Budget gleich und bei 41,1 Prozent sank es.[8] Ein Grund, warum der Wert für die sinkenden Budgets der Kommunikationsarbeit für Gesamteuropa höher ist als der für Deutschland repräsentativ im Monitor 2013 ermittelte, könnte im Zusammenhang mit der unterschiedlichen wirtschaftlichen Lage der einzelnen Länder gesehen werden. Während Deutschlands Wirtschaft wieder auf Wachstumskurs ist, stecken andere europäische Länder noch immer oder erneut in einer wirtschaftlichen Krise.

Berücksichtigt man bei der Entwicklung des Budgets die Unternehmensgröße (hinsichtlich Mitarbeiterzahlen), zeigt sich folgendes Bild: Bei kleineren Unternehmen mit maximal 100 Beschäftigten kam es

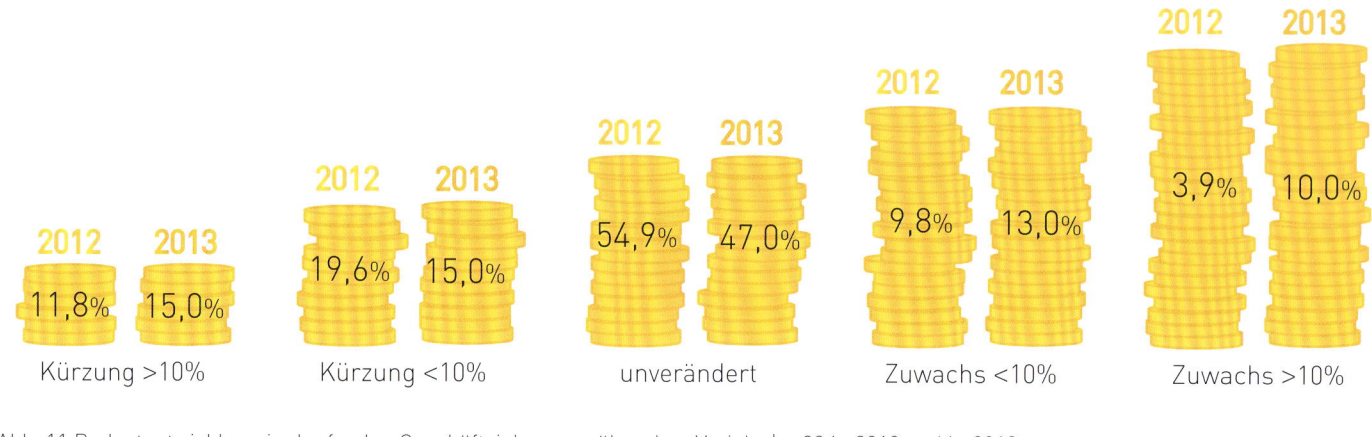

Abb. 11 Budgetentwicklung im laufenden Geschäftsjahr gegenüber dem Vorjahr | n:80 in 2012 und in 2013

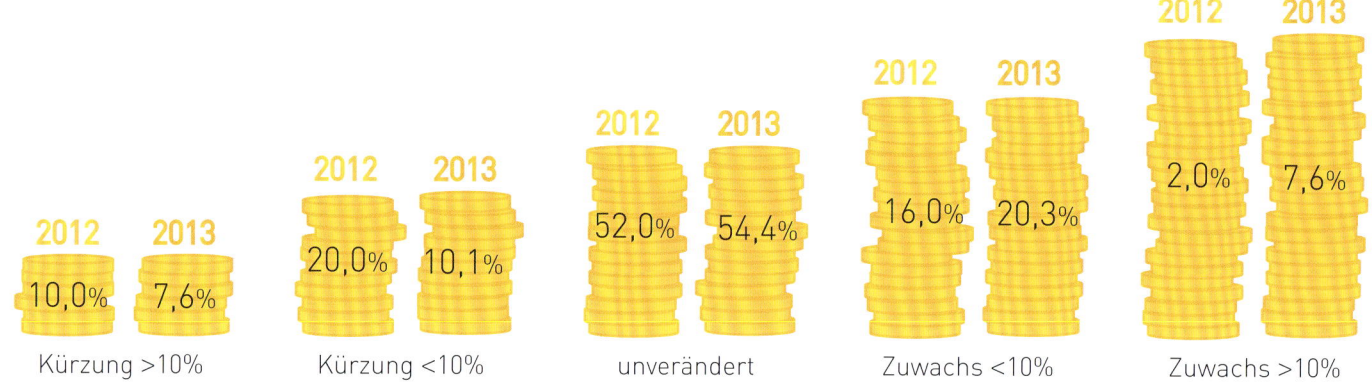

Abb. 12 Erwartete Budgetentwicklung für das kommende Geschäftsjahr | n:80 in 2012 und in 2013

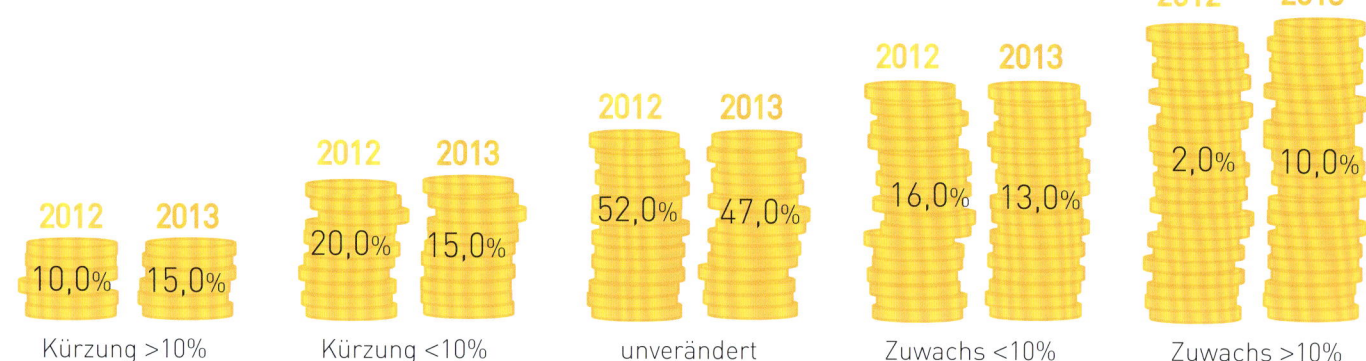

Abb. 13 Vergleich erwartetes Budget und tatsächliches Budget | n:80 in 2012 und in 2013

nur in wenigen Einzelfällen zu Kürzungen des Budgets. Die Zahl der Unternehmen dieser Größe, bei denen sich das Budget der Kommunikationsabteilung erhöht hat, hält sich in etwa die Waage mit denen, deren Budget im laufenden Geschäftsjahr unverändert gegenüber dem letztjährigen ist. Bei den Unternehmen mit einer Beschäftigtenzahl zwischen 101 und 500 gab es zwar Budgetkürzungen, jedoch liegen die Werte für ein unverändertes Budget und einen Budgetzuwachs deutlich darüber.

Auffallend ist, dass es ab einer Mitarbeiterzahl von über 500 kaum Budgetzuwachs für die Kommunikationsabteilungen gab, wohingegen die Zahl der Budgetkürzungen deutlich über der von kleineren Unternehmen liegt. Auch wenn in den größeren Unternehmen viele Gesamtetats unverändert blieben, zeigt sich deutlich, dass sinkende Budgets in erster Linie eine Herausforderung für Unternehmen mit hohen Mitarbeiterzahlen darstellen. Während es für Unternehmen mit einer Beschäftigtenzahl von unter 50 den größten Zuwachs (12,8 Prozent) gab, kam es bei Unternehmen mit einer Beschäftigtenzahl von mehr als 2500 zu den meisten Budgetkürzungen (11,2 Prozent).

Im weiteren Verlauf der Studie wurden die Kommunikationsexperten um eine Einschätzung der Budgetentwicklung im kommenden Geschäftsjahr gebeten. Gerade einmal 17,8 Prozent der Befragten erwarten eine Kürzung des Gesamtbudgets, obgleich 40,5 Prozent bei der Frage nach den Herausforderungen in den nächsten Jahren „sinkende Budgets" als Antwort wählten.

Während bei über der Hälfte der Kommunikationsabteilungen für das kommende Geschäftsjahr keine Budgetveränderungen erwartet werden, rechnen 28 Prozent der Befragten mit steigenden Gesamtetats, wobei 8 Prozent von einem Zuwachs von mehr als 20 Prozent ausgehen. Im Vergleich zur Einschätzung im Vorjahr fällt auf, dass bei der aktuellen Befragung eher von einem Zuwachs ausgegangen wird, während im Vorjahr mit deutlich mehr Kürzungen gerechnet wurde.

Der Vergleich zwischen den 2012 eingeschätzten Budgetentwicklungen für 2013 und den tatsächlichen Veränderungen zeigt folgendes: Gerade einmal 2 Prozent der Befragten rechneten bei der Befragung 2012 mit einem Budgetzuwachs von mehr als 10 Prozent. Positiverweise trat diese Einschätzung nicht ein, stand doch einem Zehntel der Kommunikationsabteilungen für dieses Jahr mehr Geld zur Verfügung. Ebenso wenig bewahrheitete sich die Vermutung über zukünftige Budgetkürzungen, hier gingen die Experten von einem niedrigeren Wert aus, als er tatsächlich im Monitor 2013 ermittelt wurde.

Somit kann man sagen, dass die Erwartung der eher geringfügigen Veränderungen der Budgethöhe nicht ganz eingetroffen sind, ergaben sich doch bei immerhin einem Viertel der Kommunikationsabteilungen Veränderungen im Gesamtetat von mehr als 10 Prozent.

Bedeutung der Instrumente

An dieser Stelle soll auf die Bedeutung der einzelnen Instrumente der Wirtschaftskommunikation eingegangen werden. So spiegelt sich die zunehmende Bedeutung des Onlinemarketings darin wider, dass immer mehr Menschen immer länger online sind. Mittlerweile nutzen laut TNS Infratest 76,5 Prozent der Deutschen das Internet,[9] und auch das mobile Internet kann immer mehr Nutzer verzeichnen. So nutzt nach einer Erhebung durch die Tomorrow Focus AG jeder zweite Befragte das mobile Internet mehrmals täglich.[10] Die stetig wachsende Zahl der Nutzer sowie die Entwicklung von neuen Werbeformaten im Internet wie zum Beispiel Stream Ads, die innerhalb eines Nachrichten-Feeds erscheinen, führten dazu, dass bereits 2011 das Volumen der Onlinewerbung erstmals das der Zeitungs- und Fernsehwerbung übertraf.[11]

Dieser Trend lässt sich auch bei der Befragung der Kommunikationsexperten im Monitor 2013 ablesen. So schätzen 82,6 Prozent der

Befragten die Bedeutung des Onlinemarketings für die nächsten zwei Jahre als weiter zunehmend ein. Dies stellt noch einmal eine erhebliche Steigerung gegenüber 2012 dar, hier stuften 61,7 Prozent der Befragten die Relevanz von Onlinewerbung als „wichtig" oder „sehr wichtig" ein. Insbesondere Suchmaschinen, Social Media und Mobile Marketing sind die treibenden Kräfte für die zunehmende Bedeutung des Onlinemarketings. Laut der aktuellen Studie „Online-Marketing-Trends 2013" von Absolit Consulting setzen die meisten der 1.002 befragten Unternehmen auf Homepage, E-Mail-Marketing, Suchmaschinenoptimierung und Social Media.[12] So sind in diesem Jahr 65 Prozent der im Monitor befragten Unternehmen im Social Web vertreten, sodass es nicht verwundert, dass 84 Prozent Social Media eine zunehmende Bedeutung beimessen.

Betrachtet man allerdings die Ergebnisse der Dialogmarketing-Agentur Brüggemann & Freunde (B&F), nehmen deutsche Unternehmen soziale Netzwerke nach wie vor nur selten als relevantes Marketinginstrument wahr. So sind zwar 79 Prozent aller befragten Firmen bei Facebook, Twitter und Co. präsent (2012: 66 Prozent), eine marketingrelevante Strategie verfolgen damit aber nur wenige.[13]

Die fortschreitende Digitalisierung hat die Medienlandschaft und den Werbemarkt stark umgewälzt. Werbung in klassischen Medien verliert zunehmend an Bedeutung. So sollen laut der Trendstudie OMD-Media-Map Printmedien und TV-Sender bis 2020 massiv Marktanteile und Werbegelder an Onlinekanäle verlieren.[14] Der Wettbewerb zwischen den verschiedenen Werbeformaten hat sich in den letzten Jahren stetig zugespitzt, sodass sich ein Umverteilungsprozess von klassischen Formaten hin zu digitalen abzeichnet.

Der Zeitungsmarkt in Deutschland befindet sich bereits seit einigen Jahren im Umbruch, im Printbereich werden stetig sinkende Leserzahlen verzeichnet. Der damit einhergehende Rückgang der verkauften Auflage führte bereits dazu, dass die Financial Times Deutschland als etablierte Tageszeitung eingestellt wurde. Eine weitere Konsequenz sind einbrechende Werbeumsätze. So liegen die Zeitungen 5,7 Prozent und die Fachzeitschriften 7,7 Prozent unter dem Vorjahresniveau, die Publikumszeitschriften büßten im Januar 2013 weitere 10 Prozent gegenüber dem Vorjahr ein.[15]

Diese Tendenz spiegelt sich auch in der Einschätzung der befragten Kommunikationsexperten wider. Nur noch 3,8 Prozent sprechen Printwerbung in den nächsten zwei Jahren eine zunehmende Bedeutung zu. Dahingegen prognostizieren 58,8 Prozent, dass Printmedien in ihrer Bedeutung weiter verlieren werden. Im Vorjahr lag der Anteil bei 36,7 Prozent, womit sich ein signifikanter Abwärtstrend in der Bedeutung der Printmedien für die Wirtschaftskommunikation abzeichnet.

Trotz der Verlagerung von Werbung ins Internet werden die klassischen Medien nicht komplett abgelöst. Bei den Instrumenten Fernseh-/Hörfunkwerbung hat sich der Abwärtstrend etwas verlangsamt. Gaben 2012 noch 42,9 Prozent der Befragten an, dass die Relevanz von Fernseh-/Hörfunkwerbung abnehmen wird, so sind es 2013 nur noch 11,3 Prozent. Eine Mehrheit von 61,3 Prozent der Befragten schätzt die allgemeine Bedeutung in den kommenden zwei Jahren als gleichbleibend ein. Ebenso verhält es sich bei der Außenwerbung, mehr als zwei Drittel der Befragten gehen davon aus, dass sich die Bedeutung der Außenwerbung nicht signifikant verändern und sich auf dem aktuellen Level einpendeln wird. Die gleiche Tendenz kann auch bei Events und Messen beobachtet werden. 2012 haben mehr als die Hälfte der Teilnehmer die Relevanz von Messen und Events als gleichbleibend eingeschätzt. In diesem Jahr hat sich dies nochmal bestätigt. Der Anteil der Befragten, die die Bedeutung als gleichbleibend einschätzen, ist auf 67,5 Prozent angestiegen. Ein ähnlicher Wert ergibt sich aus dem AUMA MesseTrend 2013, der aussagt, dass 64 Prozent der befragten Unternehmen den Umfang ihrer Beteiligung auf deutschen Messen konstant halten wollen.[16]

Verfolgt ein Unternehmen identitätsstiftende Strategien, kommen vor allem die Instrumente Mitarbeiterkommunikation und Public Relations zum Einsatz. Beiden wird durch die befragten Experten eine wachsende Bedeutung beigemessen, so erreichte Public Relations einen Wert von 46,3 Prozent, die Mitarbeiterkommunikation sogar von 70 Prozent. Im Rahmen der Kommunikationsarbeit werden auch neue Wege gegangen, so ergab eine repräsentative Untersuchung des Hightech-Verbandes BITKOM, dass bereits 37 Prozent der Unternehmen soziale Dienste und Plattformen einsetzen, um mit ihren Mitarbeitern zu kommunizieren. Die Unternehmen erhoffen sich vom Einsatz sozialer Medien eine effizientere Kommunikation, um so die zeitaufwändige Bearbeitung von E-Mails zu reduzieren. Außerdem erwarten immer mehr hochqualifizierte Nachwuchskräfte entsprechende Plattformen für die Zusammenarbeit in Unternehmen, da ihnen deren Funktionsweise bereits durch soziale Netzwerke bekannt ist.[17]

Budgetentwicklung Instrumente

Im Anschluss an die Entwicklung der Bedeutung einzelner Instrumente im Kommunikationsmix wird nun betrachtet, wie sich das Budget für die einzelnen Instrumente verändert hat und inwieweit die Entwicklungen von Bedeutung und Budget miteinander einhergehen. Für die Analyse wurde die Budgetentwicklung der einzelnen Kommunikationsinstrumente im laufenden Geschäftsjahr im Vergleich zum Vorjahr erfragt.

Der stärkste Zuwachs beim Budget zeigt sich bei den Instrumenten Onlinemarketing (42,3 Prozent) und Social-Media-Marketing (46,8 Prozent). Obwohl Social Media das Instrument mit dem stärksten Budgetzuwachs darstellt, gaben immerhin auch 26,6 Prozent der Befragten an, dass es zu Kürzungen für diesen Bereich kam.

Anders verhält es sich beim Onlinemarketing, bei diesem Instrument wurde in nur wenigen Fällen (2,6 Prozent) das Budget gekürzt. Dies spricht für die Ergebnisse der Studie des Online-Vermarkterkreises im Bundesverband Digitale Wirtschaft (OVK), aus der hervorgeht, dass sich seit 2004 die Bruttowerbeinvestitionen für Onlinewerbung verdreizehnfacht haben. Ebenso rechnet der OVK für das Geschäftsjahr 2013 mit einem Gesamtzuwachs von 11 Prozent im Vergleich zu 2012.[18]

Zu den stärksten Budgetkürzungen kam es bei den Instrumenten Printwerbung (35,4 Prozent) und Sponsoring (26,9 Prozent). Generell zeigt der Monitor 2013, dass das Budget bei vielen Instrumenten tendenziell gleichbleibend ist, wobei die Instrumente Public Relation und Mitarbeiterkommunikation häufiger mit einem Budgetzuwachs als mit einer Kürzung bedacht wurden. Bei den Instrumenten Printwerbung, Außenwerbung und Fernseh-/Hörfunkwerbung wurden genau gegenteilige Angaben gemacht.

Vergleicht man nun die Budgetveränderungen der einzelnen Instrumente mit ihrer eingeschätzten Bedeutung in den nächsten zwei Jahren, zeigt sich, dass in vielen Fällen tatsächlich eine Beziehung zwischen diesen beiden Aspekten besteht. So lassen sich bei den Instrumenten Sponsoring, Direktmarketing/Verkaufsförderung, Events/Messen, Außenwerbung sowie Printwerbung ähnliche Tendenzen bei der Entwicklung des Budgets sowie der Bedeutung erkennen.
Auch bei der Fernseh- und Hörfunkwerbung weichen beide Entwicklungen nicht stark voneinander ab. Jedoch zeigt sich, dass zwar 27,5 Prozent der Befragten von einer zunehmenden Bedeutung ausgehen, jedoch nur 10,3 Prozent ein zunehmendes Budget für dieses Instrument verzeichnen konnten. Begründen ließe sich diese Abweichung mit der unterschiedlichen Größe der befragten Unternehmen. So können kleine Unternehmen Fernseh- und Hörfunkwerbung als wichtig einstufen, auch wenn sie selbst das Instrument nicht nutzen (dies gilt

Abb. 14 Bedeutung der Kommunikationsinstrumente für die nächsten zwei Jahre | n:80

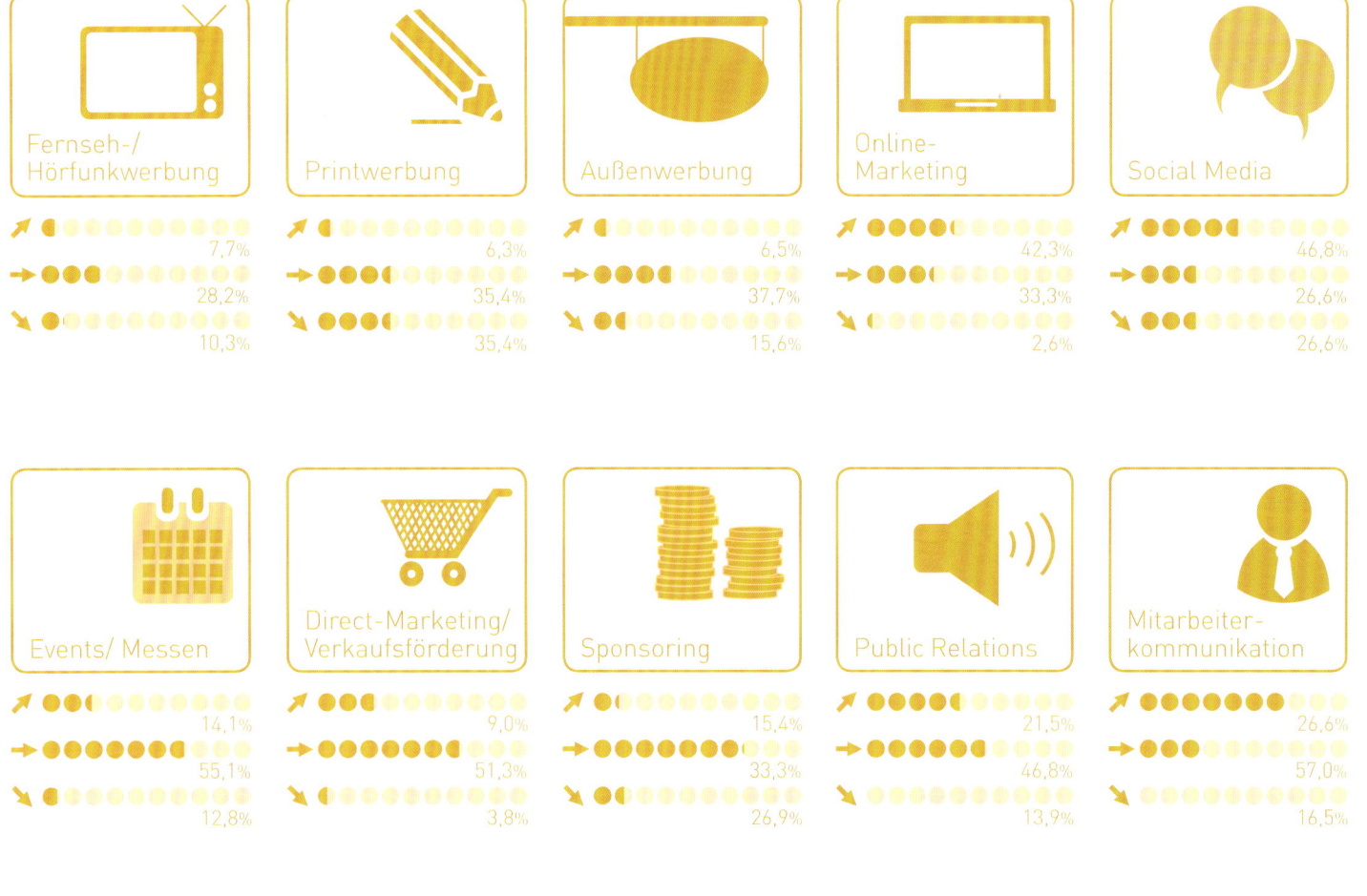

Fernseh-/ Hörfunkwerbung

↗ 7,7%
→ 28,2%
↘ 10,3%

Printwerbung

↗ 6,3%
→ 35,4%
↘ 35,4%

Außenwerbung

↗ 6,5%
→ 37,7%
↘ 15,6%

Online- Marketing

↗ 42,3%
→ 33,3%
↘ 2,6%

Social Media

↗ 46,8%
→ 26,6%
↘ 26,6%

Events/ Messen

↗ 14,1%
→ 55,1%
↘ 12,8%

Direct-Marketing/ Verkaufsförderung

↗ 9,0%
→ 51,3%
↘ 3,8%

Sponsoring

↗ 15,4%
→ 33,3%
↘ 26,9%

Public Relations

↗ 21,5%
→ 46,8%
↘ 13,9%

Mitarbeiter- kommunikation

↗ 26,6%
→ 57,0%
↘ 16,5%

↗ Zunehmend
→ Gleichbleibend
↘ Abnehmend

Abb. 15 Budgetentwicklung der Kommunikationsinstrumente im laufenden Geschäftsjahr gegenüber dem Vorjahr | n:78

auch für andere Instrumente wie beispielsweise Sponsoring). Dass Fernseh- und Hörfunkwerbung in Deutschland ein wichtiges Instrument ist, belegt der Zentralverband der deutschen Werbewirtschaft e.V. mit den jeweils ausgewiesenen Nettowerbeeinahmen, die über die vergangenen Jahre stetig gestiegen sind. Die Fernsehwerbung hält dabei mit 22 Prozent den größten Marktanteil der Nettowerbeumsätze der Medien im Jahr 2013.[19]

Social Media und Onlinemarketing sind die Instrumente mit dem größten Budgetzuwachs. Diese Tendenz zeigt sich auch bei der Entwicklung der Bedeutung: 87,7 Prozent sehen eine zunehmende Bedeutung für das Onlinemarketing (Zuwachs Budget: 42,3 Prozent) und 84 Prozent für Social Media (Zuwachs Budget: 46,8 Prozent). Allerdings zeigt sich auch hier, dass das Budget nicht im gleichen Verhältnis steigt wie die Bedeutung zunimmt. Besonders deutlich belegt dies im Bereich Social Media die Tatsache, dass zwar nur 1,2 Prozent der Befragten dem Instrument eine sinkende Bedeutung beimessen, jedoch 26,6 Prozent der Experten sinkende Budgets zu verzeichnen haben.

Bei den Instrumenten Mitarbeiterkommunikation und Public Relations zeigt sich ein ähnliches Bild: Während 46,3 Prozent Public Relations eine zunehmende Bedeutung zusprechen, gibt es nur in 21,3 Prozent der Fälle einen Budgetzuwachs. Noch gravierender fällt der Vergleich zwischen Bedeutung und Budget für die Mitarbeiterkommunikation in den befragten Unternehmen aus. Auch wenn 70 Prozent von einer zunehmenden Bedeutung überzeugt sind, kommt es in nur 26,7 Prozent der Kommunikationsabteilungen zu einem Budgetzuwachs. In 16,5 Prozent der Fälle kam es sogar zu sinkenden Budgets, obwohl keiner der Befragten die Bedeutung von Mitarbeiterkommunikation als abnehmend sieht. Dieser Umstand ist vor allem vor dem Hintergrund der erläuterten Herausforderungen wie beispielsweise der zunehmenden Arbeitsbelastung kritisch zu betrachten.

Zusammenfassend kann gesagt werden, dass sich Budget und Bedeutung nicht bei allen Instrumenten gleichermaßen verändern und dass es insbesondere bei den Instrumenten, deren Bedeutung stark ansteigt, nicht immer zu entsprechend zunehmenden Etats kommt.

Fazit

Zusammenfassend kann für das Kernthema Entwicklungen gesagt werden, dass sich für 2013 keine direkten beziehungsweise überraschenden Trends feststellen lassen. Wie schon im Vorjahr sehen mehr als die Hälfte der befragten Kommunikationsexperten in der steigenden Informationsflut die größte Herausforderung, fast ebenso häufig wurden die zunehmende Digitalisierung und der Nachhaltigkeitsanspruch genannt. Obwohl auch sinkende Budgets zu den vorrangigen Herausforderungen zählen, zeigt sich im Vergleich 2012 zu 2013, dass es keine signifikante Veränderung bei den Gesamtetats gab. Vielmehr kürzten die Unternehmensleitungen weniger Budgets für die Kommunikationsarbeit als prognostiziert wurde. Eine eindeutige Einschätzung über eine eventuell stabile Budgetsituation innerhalb der Branche kann jedoch nur mithilfe weiterer Querschnittserhebungen getroffen werden. Was die Bedeutung der einzelnen Instrumente angeht, wurde in diesem Jahr, wie nicht anders zu erwarten war, vor allem den Instrumenten Social Media und Onlinemarketing eine enorme Wichtigkeit beigemessen. Eine ausführliche Erläuterung dazu findet sich an späterer Stelle in diesem Buch. Als nicht weniger wichtig wird die Mitarbeiterkommunikation eingeschätzt, interessant ist hier die Verknüpfung mit dem Social-Media-Trend, so nutzen die Verantwortlichen zunehmend entsprechende Tools für ihre interne Kommunikation.

Generell ist festzustellen, dass die steigende Bedeutung eines Instruments fast immer mit einer Budgeterhöhung einhergeht. Allerdings kommt es bei Instrumenten, deren Bedeutung stark ansteigt, wie beispielsweise Social Media, nicht immer zu entsprechend zunehmenden Etats. Dies wiederum stellt die zuständigen Mitarbeiter vor zusätzliche Herausforderungen, die sich vermutlich auch im Punkt steigende Arbeitsbelastung widerspiegeln.

Fußnoten & Quellenverzeichnis

1 KOF Konjunkturforschungsstelle an der ETH Zürich (Eidgenössische Technische Hochschule Zürich), http://www.kof.ethz.ch/static_media/filer_public/2013/02/28/rankings_2013.pdf, Stand: 10.07.2013 7 / KOF-Index of Globalization 2013. Germany 81,08.

2 WIdO Wissenschaftliches Institut der AOK (2012): Arbeitsunfähigkeitsfälle aufgrund von Burn-out-Erkrankungen in Deutschland in den Jahren 2004 bis 2011, zitiert nach de.statista.com, http://de.statista.com/statistik/daten/studie/239872/umfrage/arbeitsunfaehigkeitsfaelle-aufgrund-von-burn-out-erkrankungen, Stand: 10.07.2013.

3 PricewaterhouseCoopers International (2010): Managing tomorrow's people: Future of work, http://www.pwc.de/de/prozessoptimierung/die-zukunft-der-arbeit-im-jahr-2020.jhtml, Stand: 10.07.2013.

4 Statistisches Bundesamt (2012): Qualität der Arbeit. Geld verdienen und was sonst noch zählt, https://www.destatis.de/DE/Publikationen/Thematisch/Arbeitsmarkt/Erwerbstaetige/BroschuereQualitaetArbeit0010015129001.pdf?__blob=publicationFile, Stand: 10.07.2013. Angaben für 2010.

5 Meffert, Heribert, Burmann, Christoph, Kirchgeorg, Manfred (2012): Marketing: Grundlagen marktorientierter Unternehmensführung. Konzepte - Instrumente – Praxisbeispiele. Heidelberg: Springer Verlag. S.249 ff.

6 Zerfass, Ansgar., Verhoeven, Piet, Tench, Ralph, Moreno, Angeles, Vercic, Dejan (2013): European Communication Monitor 2013, Brüssel: Helios Media. S.68.

7 Facit Research (2013): Horizont Nr. 1, 10.01.2013. S.4.

8 Zerfass, Ansgar., Verhoeven, Piet, Tench, Ralph, Moreno, Angeles, Vercic, Dejan (2013): European Communication Monitor 2013, Brüssel: Helios Media. S.97.

9 TTNS Infratest (2013): Anteil der Internetnutzer in Deutschland von 2001 bis 2013, http://de.statista.com/statistik/daten/studie/13070/umfrage/entwicklung-der-internetnutzung-in-deutschland-seit-2001/, Stand: 10.07.2013.

10 Tomorrow Focus AG (2013): Wie oft nutzen Sie mobiles Internet mit Ihrem Mobiltelefon?, http://de.statista.com/statistik/daten/studie/167623/umfrage/nutzungshaeufigkeit-des-mobilen-internets-ueber-das-mobiltelefon/, Stand: 10.07.2013.

11 PricewaterhouseCoopers International (2011): German Entertainment and Media Outlook 2011–2015: Onlinewerbung übernimmt Pole-Position, http://www.pwc.de/de/technologie-medien-und-telekommunikation/german-entertainment-media-outlook-2011.jhtml, Stand: 10.07.2013.

12 Absolit Consulting (2013): Studie „Online-Marketing-Trends 2013", http://www.absatzwirtschaft.de/content/online-marketing/news/online-kanaele-beliebter-als-klassische-werbung;79545, Stand 10.07.2013.

13 Brüggemann & Freunde (2012): Studie: „Social Marketing I/2013", http://www.bvdw.org/medien/brueggemann--freunde-bf-social-marketing-i-2013?media=4787, Stand: 10.07.2013.

14 W&V (2012): Trendstudie: Internet kannibalisiert Print, http://www.
wuv.de/medien/trendstudie_internet_kannibalisiert_print, Stand:
10.07.2013.

15 Nielsen (2013): Brutto-Werbemarkt-Daten, http://nielsen.com/de/
de/insights/presseseite/2013/deutscher-bruttowerbemarkt-trotz-
eurokrise-in-2012-stabil.html, Stand: 10.07.2013.

16 AUMA_MesseTrend (2013), http://www.auma.de/_pages/d/01_
Branchenkennzahlen/0104_MesseTrend/010400_MesseTrend.aspx,
Stand: 10.07.2013.

17 BITKOM (2013): Social Media im Unternehmenseinsatz, http://www.
bitkom.org/76693_76689.aspx, Stand: 10.07.2013.

18 Online-Vermarkterkreis im Bundesverband Digitale Wirtschaft
(OVK) 2013.

19 Zentralverband der deutschen Werbewirtschaft ZAW (2013):
Werbung in Deutschland 2013, Berlin: Verlag edition zaw. S.21–24.

ERFOLGSKONTROLLE

KAPITEL III

von Carolin Bähr | Maria Antonia Bartning | Kristian Reinke | Hendrikje Rother

Erfolgskontrolle der Kommunikationsaktivitäten wird als besondere Herausforderung angesehen

In diesem Kapitel des Monitors Wirtschaftskommunikation 2013 geht es um die Erfolgskontrolle von Kommunikationsmaßnahmen. Dazu wurden die Bedeutung von Evaluation im Allgemeinen und die Verwendung von verschiedenen Evaluationstools untersucht. Wie bereits im Kapitel Entwicklungen erwähnt, sehen 27,4 Prozent der Befragten eine „erschwerte Erfolgskontrolle" als besondere Herausforderung für die kommenden Jahre. Das bestätigt auch der PR-Trendmonitor. Als eine der drei größten Herausforderungen wird von dessen Befragten ebenfalls das Liefern von Erfolgsnachweisen genannt. 38,8 Prozent der befragten Pressestellen und 45,5 Prozent der PR-Agenturen sind dieser Meinung.[1]

Kommunikations-Evaluation ist der systematische Abgleich von Zielen und Ergebnissen der Kommunikationsarbeit

Bevor weiter auf die Ergebnisse der Studie eingegangen wird, soll zunächst geklärt werden, was unter Erfolgskontrolle bzw. Evaluation von Kommunikationsmaßnahmen verstanden wird: Die Erfolgskontrolle überprüft systematisch, inwiefern die vom Unternehmen gesetzten Kommunikationsziele realisiert wurden (Effektivität), welche kommunikativen Maßnahmen zur Erreichung dieser Ziele beigetragen und ob sich die diesbezüglichen finanziellen Investitionen ausgezahlt haben (Effizienz).[2]

Gleichzeitig untersucht sie hierbei, inwieweit das Handeln und die darauf eintretenden Wirkungen im Bereich Kommunikation zusammenhängen und stellt diesen Wirkungen die vorab festgelegten Ziele gegenüber. Wenn folglich eine Übereinstimmung von Kommunikationswirkungen und -zielen ermittelt wird, kann dies als Erfolg gewertet werden.[3] Stimmen diese hingegen nicht überein, werden von den aus einer solchen Überprüfung gewonnenen Erkenntnissen Handlungsempfehlungen abgeleitet, anhand derer die Kommunikationsinstrumente und -maßnahmen entsprechend angepasst und optimiert eingesetzt werden.[4]

Nur wenn das Unternehmen seine Ziele mithilfe der Erfolgskontrolle untersucht, können Unterschiede zwischen den Soll- und Ist-Zuständen ausfindig gemacht und Maßnahmen zu deren Korrektur eingeleitet werden. So kann sie beispielsweise Aufschluss über fehlerbehaftete Kampagnen geben oder die Nutzung alternativer Kommunikationsinstrumente bewerten.[5] Da die Kommunikationsmaßnahmen vieler Unternehmen sehr aufwändig gestaltet werden, fällt folglich auch die zu diesem Zweck investierte Summe sehr hoch aus. Dabei verfügen diese oftmals nur über knappe Budgets und sind zudem einem hohen Wettbewerbsdruck ausgesetzt.[6] Deswegen ist es für viele Unternehmen erforderlich geworden, die eingesetzten Kommunikationsaktivitäten auf Effektivität und Effizienz zu überprüfen, um eine Rechtfertigung der umfangreichen Budgets zu ermöglichen.[7] Dies ist jedoch nur einer der Gründe, weshalb Erfolgskontrolle einen so zentralen Stellenwert einnimmt.

Einen weiteren Grund stellt die strategische Bedeutung dar, die der Erfolgskontrolle im Rahmen des Kommunikations- als auch Marketingmix zukommt. Dies ist vor allem der Fall, weil die Kommunikationsmaßnahmen eines Unternehmens als Investition in den Markenwert fungieren, deren Wirkungen langfristig anhalten. Zwar wird der Kommunikationspolitik aufgrund der über einen langen Zeitraum anhaltenden Kommunikationswirkungen eine hohe Relevanz zugeschrieben, jedoch stellt dies gleichzeitig auch ein Problem für die Erfolgskontrolle dar.[8]

Nachfolgend werden einige der Herausforderungen des Evaluations-prozesses aufgeführt und näher beleuchtet: Wenn ein Unternehmen in Interaktion mit seiner Zielgruppe tritt, kann dies zu unbewusster und unbeabsichtigter Kommunikation führen. Beispielsweise kann das Erscheinungsbild eines Mitarbeiters Auswirkungen auf den Kunden haben. Da diese Kommunikation und die damit einhergehenden Wirkungen von dem Unternehmen jedoch nicht geplant waren, ist dies eine unbeabsichtigte Variable, deren vollständige Erfassung nahezu unmöglich ist.[9] Deswegen stellt es gleichzeitig eine Schwierigkeit dar, den Kommunikationswirkungen Ursachen zuzuordnen und Rück-schlüsse auf die betroffenen Kommunikationsinstrumente zu ziehen.[10] Damit die Evaluation eines Unternehmens gelingen kann, ist es erfor-derlich, dass die zu überprüfenden Ziele vorab klar definiert wurden und eine Auswahl von einsetzbaren Erhebungsmethoden vorhanden sind (Erkenntnisproblem).[11] Nur wenige Unternehmen, die beispiels-weise integrierte Kommunikationsmaßnahmen einsetzen, verfügen auch über entsprechende Möglichkeiten zur Durchführung der Evalua-tion.[12]

Manfred Bruhn veröffentlichte im Jahr 2008 eine Studie zum Stand der integrierten Kommunikation. Darin stellte er fest, dass Kontrollmaß-nahmen mit speziellem Bezug auf die integrierte Kommunikation nur von etwa 50 Prozent der befragten Unternehmen angewendet werden. Als Hauptgrund, weshalb viele Unternehmen darauf verzichten, wird die „Schwierigkeit der Messung interdependenter Wirkungen eines aufeinander abgestimmten Einsatzes der Kommunikationsinstru-mente"[13] angesehen. Zu dieser Schwierigkeit gehören die nachfolgend aufgeführten Probleme der Erfolgskontrolle.
So können die in der Evaluation herausgearbeiteten Ergebnisse nicht immer eindeutig auf entsprechende Ursachen zurückgeführt werden (Kausalitätsproblem).[14]

Eine weitere Herausforderung stellen die verschiedenen Faktoren dar, die die Wirkung von Kommunikationsmaßnahmen mit unterschiedli-cher Intensität beeinflussen. Um ihren Einfluss angemessen darzu-stellen, ist eine differenzierte Betrachtung hinsichtlich ihres Ausmaßes unabdingbar (Faktorenproblem).[15] Aber auch die Messung kann einige Probleme mit sich bringen. Eine falsch gewählte Erhebungsmethode kann beispielsweise zur Verzerrung der Ergebnisse führen (Mess-problem).[16] Besonders komplex ist die Messung der Wirkungen von integrierter Kommunikation, da der Einsatz der Instrumente zwar aufeinander abgestimmt ist, die Wirkungen dieser jedoch voneinan-der unabhängig und somit nur schwer messbar sind.[17] Da die Durch-führung einer Erfolgskontrolle hohe Kosten mit sich bringt, sollte sie einen der Summe angemessenen Nutzen hervorbringen. Ein akzepta-bles Kosten-Nutzen-Verhältnis kann jedoch nicht immer gewährleistet werden (Effizienzproblem).[18]
Aufgrund der hier beschriebenen Herausforderungen sollten die Ergebnisse einer Evaluation stets kritisch betrachtet werden. Zudem können sie auch die Ursache dafür sein, weshalb viele Unternehmen die Möglichkeiten der Erfolgskontrolle gar nicht bzw. nur geringfügig ausschöpfen.[19]

Zusammenfassend lässt sich festhalten, dass Erfolgskontrolle als sys-tematische Überprüfung der Kommunikationsmaßnahmen fungiert,[20] aus der sich Entscheidungshilfen ableiten lassen, um die Kommunika-tionsaktivitäten eines Unternehmens planen und steuern zu können.[21] Die Durchführung der Evaluation bringt momentan, wie oben bereits beschrieben, noch einige Herausforderungen mit sich. Allerdings wird die Bedeutung der Erfolgsmessung in Zukunft aufgrund der knappen Budgets, die den Unternehmen für Kommunikationspolitik zur Verfü-gung stehen, steigen. Vor diesem Hintergrund ist es zunehmend erfor-derlich, dass die bereits bestehenden Methoden verbessert und neue Verfahren zur optimalen Erfolgskontrolle entwickelt werden.[22]

Nur 17,7 Prozent der Befragten schätzen Erfolgskontrolle als „sehr wichtig" ein

Neben den Fragen, ob überhaupt eine Erfolgskontrolle durchgeführt wird und welche Mittel dafür zur Verfügung stehen, stellt sich die Frage nach der Wahl der geeigneten Instrumente.

Die Relevanz der Erfolgskontrolle ist im Vergleich zum Vorjahr im Monitor Wirtschaftskommunikation 2013, laut Angaben der befragten Unternehmen, gesunken. Lediglich 17,7 Prozent stuften sie in diesem Jahr als „sehr wichtig" ein. Das sind 8,8 Prozent weniger als im Jahr 2012. Immerhin 40,5 Prozent stuften sie als „wichtig" ein. Jedoch ist auch die Zahl derer, die die Evaluation von Kommunikationsmaßnahmen als „eher unwichtig" bewerteten, von 4,1 Prozent auf 1,3 Prozent zurückgegangen. Aussagekräftiger ist in diesem Zusammenhang die Frage, welche Evaluationsinstrumente wie oft in den Unternehmen konkret genutzt werden.

Wie aus dem Monitor 2013 hervorgeht, wird dem Thema Evaluationsinstrumente besondere Beachtung beigemessen. Hierbei ist zu erkennen, dass die befragten Unternehmen aus dem Pool der möglichen Evaluationsinstrumente die klassische Variante der Medienresonanzanalyse (55,6 Prozent) bevorzugen. Aber auch die Befragung der Anspruchsgruppen (37,3 Prozent) und die Reichweitenmessung (38,6 Prozent) werden als favorisierte Instrumente von den befragten Unternehmen zur Evaluation genutzt.

Ein möglicher Grund für die Bevorzugung der Medienresonanzanalyse kann in den folgenden Vorteilen liegen: Diese Analyseform misst und präsentiert den qualitativen bzw. quantitativen Erfolg von Presse- und Öffentlichkeitsarbeit im Rahmen der Berichterstattungen. Bei einer langfristigen Ausrichtung kann ein Unternehmen zusätzlich Trends, Chancen und Risiken aus seinem Umfeld erkennen.[23]

Daraus können wiederum, bei richtiger Interpretation der Ergebnisse, langfristig und differenziert strategische Entscheidungsgrundlagen ermittelt werden.[24]

Um den Erfolg dieser Analysemöglichkeit zu gewährleisten, muss eine eindeutig inhaltlich ausgerichtete und klar festgelegte Ziel- und Fragestellung definiert und befolgt werden. Die Ziel- und Fragestellung wird auf eine vorher festgelegte Medienart, z.B. Print, Hörfunk und/oder TV, angewendet. In der Praxis wird dies in Form von Clippings durchgeführt. Hier werden die relevanten Beiträge ausgeschnitten, gesammelt und beispielsweise nach Länge, Anzahl, Rubrik und Medium erfasst, auf Korrelationen hin untersucht und anschließend ausgewertet.[25]

Die Medienresonanzanalyse wird aber aufgrund der Methodik auch kritisch bewertet. Zum einen muss bei der Beurteilung der Beiträge eine gleiche Denkweise von den Codierern erwartet werden, um Validität und Reliabilität zu gewährleisten, was so gut wie unmöglich ist. Zum anderen kommen externe Einflüsse hinzu, wie zum Beispiel der freie Journalismus, bei dem ermittelt werden müsste, worüber und wie oft berichtet wird. Auf diesen Faktor kann ein Unternehmen jedoch keinen Einfluss nehmen. Als weiterer Nachteil werden der zeitliche und der kostenintensive Aspekt angesehen, denn um möglichst genaue Ergebnisse zu erhalten, sollte die Medienresonanzanalyse über einen längeren Zeitraum durchgeführt werden. Dementsprechend werden die Kosten und der Zeitaufwand umso höher.[26]

Weitere oft genutzte Instrumente der Evaluation sind die Befragung von Anspruchsgruppen und die Reichweitenmessung. Bei der Befragung der Anspruchsgruppen wenden die Unternehmen mit einer „maßgeschneiderten" Analyseform die Kontrolle ihres strategischen Prozesses an. Hiermit können die Unternehmen branchenspezifisch auf die Bedürfnisse ihrer Anspruchsgruppen eingehen und diese Erkenntnisse in den Analyseprozess einfließen lassen.[27] Trotz dieser Vorteile haben 20 Prozent der befragten Unternehmen angegeben, dass sie die Befra-

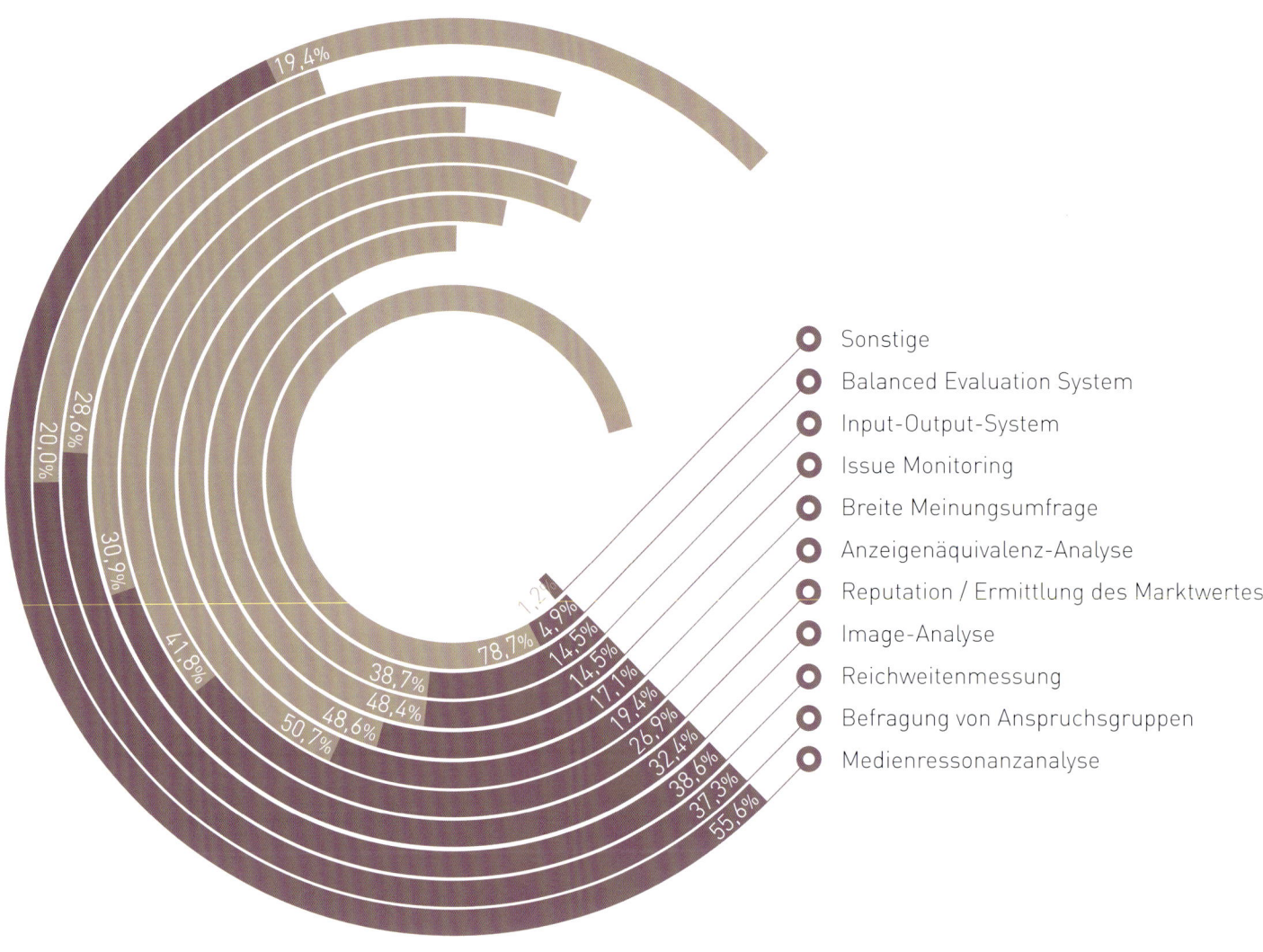

19,4%

28,6%

20,0%

30,9%

41,8%

38,7%

48,4%

50,7%

48,6%

1,2%

78,7% 4,9%

14,5%

14,5%

17,1%

19,4%

26,9%

32,4%

38,6%

37,3%

55,6%

Sonstige

Balanced Evaluation System

Input-Output-System

Issue Monitoring

Breite Meinungsumfrage

Anzeigenäquivalenz-Analyse

Reputation / Ermittlung des Marktwertes

Image-Analyse

Reichweitenmessung

Befragung von Anspruchsgruppen

Medienressonanzanalyse

keine Anwendung
häufige Anwendung

Abb. 16 Häufigkeit der Nutzung von Evaluationsinstrumenten | n:76

gung der Anspruchsgruppen nicht praktizieren. An dieser Stelle lässt sich vermuten, dass der hohe zeitliche Aufwand und die Kostenintensität eine entscheidende Rolle spielen.

Die Reichweitenmessung bezeichnet die Reichweite eines Werbeträgers, das heißt den Anteil der Bevölkerung oder einer gewissen Zielgruppe, die zu einem bestimmten Zeitpunkt oder in einem bestimmten Zeitraum Kontakt mit diesem Werbeträger hat bzw. hatte.[28] Bei Einsatz dieses Instrumentes stehen die Reichweite und die Kontakthäufigkeit mit der Zielgruppe in diametralem Zusammenhang. Das bedeutet, wenn eine höhere Kontakthäufigkeit erreicht und dadurch die Erinnerung an die Marke oder das Unternehmen gesteigert werden soll,[29] ist mit höherem zeitlichen und finanziellen Aufwand zu rechnen. Dies kann ein Grund sein, warum dieses Instrument von 28,6 Prozent der befragten Unternehmen nicht verwendet wird.

Die drei genannten Instrumente – Medienresonanzanalyse, Befragung der Anspruchsgruppen, Reichweitenmessung – wurden von den befragten Unternehmen als die meistgenutzten Möglichkeiten genannt. Deutlich seltener im Vergleich zum Vorjahr kommen Image-Analysen (32,4 Prozent), Issue Monitorings (14,5 Prozent) und Input-Output-Analysen (14,5 Prozent) zum Einsatz.

Bei dem Balanced Evaluation System kann es unter anderem daran liegen, dass es sich hierbei um ein umfangreiches Kennzahlensystem handelt und sich dieses kaum oder nur durch großen Aufwand auf die Messung des Kommunikationserfolges adaptieren lässt.[30]

Das mag auf den ersten Blick verwunderlich sein, da es im betriebswirtschaftlichen Controlling üblich und notwendig ist. Auf den Kommunikationserfolg bezogen kann dieses Verfahren jedoch vielmehr zu einer allgemeinen Bewertung führen, da mit der Gegenüberstellung von Investitionen und Effekten nicht der tatsächliche Kommunikationserfolg gemessen werden kann. Der Aufwand für eine Kommunikationsmaßnahme lässt sich zwar beziffern, aber die realistische finanzielle

Bewertung der Resultate ist problematisch. Damit wird die Gegenüberstellung von Gewinn und Kapitaleinsatz im letzten Schritt zur Verdichtung des Wertes verfälscht. Nichtsdestotrotz wird dem Balanced Evaluation System eine zukunftsweisende Bedeutung beigemessen.[31]

Beim Issue Monitoring kann der Grund für eine derart geringe Nutzung darauf zurückzuführen sein, dass dieses Instrument in seiner Umsetzung sehr umfangreich ist. Es macht nur eine von vier Phasen eines komplexen Systems aus. Dazu gehören der Reihenfolge nach das Issue Scanning (Themenidentifikation), das Issue Monitoring (Themenuntersuchung), das Issue Forecasting (Themenprognose) und das Issue Assessing (Themenbewertung).[32] Alle vier Phasen sind bei konstanter Anwendung sehr zeitintensiv und kostspielig. Im Kern geht es bei diesem Instrument um die Analyse von Zuständen und Bedrohungen im gesellschaftlichen Meinungsbildungsprozess. Diese werden anhand der vorher genannten Phasen untersucht und die daraus gewonnenen Erkenntnisse in die Zukunft projiziert, um dadurch Abwehrstrategien zu entwickeln oder Firmenstrategien anzupassen.[33]

Ein weiteres Evaluationstool ist die Input-Output-Analyse. Auch dieses Instrument wurde in der Studie als selten genutztes Tool erkannt. Da dieses Instrument in der Volkswirtschaft beheimatet ist und hier mit Prognosen und/oder Simulationen unter dem Aspekt der mittelbaren Beziehungen zwischen Faktoreinsatz und Faktorertrag analytisch und systematisch gearbeitet wird, kann dieses Modell nicht hinreichend genug auf den Kommunikationserfolg eines Unternehmens angewendet werden. Die einzig relevante Funktion, die für die Kommunikationsforschung interessant ist, ist die Erforschung des Strukturwandels für Unternehmen.[34] Mit diesen Erkenntnissen kann ein Unternehmen frühzeitig auf Veränderungen reagieren und dadurch seine Firmenstrategien in sämtlichen Bereichen anpassen.

Insgesamt betrachtet zeichnet sich bei der Nutzung von Evaluationstools ein deutlicher Rückgang ab. Diese Erkenntnis ist überraschend, da im Jahr 2011 mit 36 Prozent mehr als jedes dritte Unternehmen angab, die Wirkungskontrolle seiner Kommunikationsaktivitäten zu verstärken.[35]

Aus der Studie von Manfred Bruhn geht hervor, dass in Deutschland aktuell die Methode der Mitarbeiterbefragung am häufigsten zur Erfolgskontrolle angewendet wird.[36] Das überschneidet sich mit dem Ergebnis des Monitors Wirtschaftskommunikation, wonach – wie oben genannt – die Befragung von Anspruchsgruppen vielfach durchgeführt wird. Allerdings wird es hier nicht als häufigste Methode angegeben. Aus Bruhns Sicht gehören Kundenbefragungen ebenso zu der Befragung von Anspruchsgruppen wie Mitarbeiter- und Lieferantenbefragungen.[37] Er ist außerdem der Ansicht, dass die Maßnahmen Kundenbefragung, Auswertung von Presseberichten und die Markt- und Meinungsforschung aktuell weniger Anwendung finden als in der Vergangenheit.[38]

Insgesamt stellt Bruhn fest, dass die Erfolgskontrolle im deutschsprachigen Raum bisher relativ selten umgesetzt wird.[39] Andere Autoren schreiben der „Wirkungserfassung und Kontrolle von Werbeaktivitäten"[40] hingegen eine lange Tradition zu.

Bestätigt wird die geringe Nutzung von allgemeinen Evaluationsinstrumenten jedoch in Teilen auch von weiteren Studien. So wurde zum Beispiel von Econsultancy nach der Nutzung des kostenpflichtigen Premium-Google-Analytics gefragt. Nur fünf Prozent der Befragten gaben an, dieses Instrument zu nutzen, und ein Großteil verneinte die aktuelle sowie zukünftige Nutzung.[41] Im Trendmonitor wurde dieses Evaluationsinstrument zwar nicht abgefragt, die Zahlen bestätigen aber die Aussage, dass derartige Instrumente nur von wenigen benutzt werden.

Fragt man allerdings nach der kostenlosen Version „Google Alerts" als Anwendung zum Webmonitoring, so geben laut PR-Trendmonitor 56

Prozent der befragten Pressestellen und 63,9 Prozent der PR-Agenturen an, darüber ein regelmäßiges Webmonitoring für ihre Kunden durchzuführen. Nur 18 bzw. 11,3 Prozent der Befragten gaben an, gar kein Webmonitoring anzuwenden.[42]

Anders sieht es bezüglich des Social-Media-Monitorings aus. Wie im nächsten Kapitel genauer beschrieben wird, spielt die Erfolgskontrolle von Social-Media-Maßnahmen nach wie vor eine große Rolle: 63,6 Prozent der Befragten betreiben Social-Media-Monitoring. Das sind nur ein Prozent weniger als im Jahr 2012 angegeben wurde. Diverse Kennzahlen, wie Klout Score oder Share of Buss, sollen über den Erfolg der jeweiligen Social-Media-Aktivitäten Aufschluss geben. Allerdings ist vielen Unternehmen der Großteil dieser Kennzahlen noch nicht einmal bekannt. Am häufigsten, von 82,9 Prozent der Befragten, wird hier die Anzahl der Fans, Likes und Followers beachtet.

Der Vollständigkeit halber werden nun noch einige Instrumente und Maßnahmen zur Erfolgskontrolle beleuchtet, die im Monitor Wirtschaftskommunikation nicht abgefragt wurden, jedoch in einzelnen anderen Studien als relevant eingestuft sind.[43]

Ein hier bisher noch nicht genanntes Instrument der Evaluation ist z.B. die Netzplantechnik, die innerhalb der Planungs- und Umsetzungsphase im Rahmen der Prozesskontrolle angewendet wird. Die Netzplantechnik soll eine zielkonforme Umsetzung von Einzelmaßnahmen gewährleisten.[44]

Ein weiteres, im Monitor 2013 nicht abgefragtes Instrument ist die Prozesskostenanalyse, wodurch die Leistungsfähigkeit einer Kommunikationsmaßnahme unter ökonomischen Gesichtspunkten überprüft wird.[45]

Auch für das Kommunikationsinstrument Messen und Events können mittels Evaluierungstools erzielte Wirkungen gemessen werden. Jeder Event hat die Absicht, ein konkretes vordefiniertes Ziel zu erreichen, das es im Anschluss an die Veranstaltung zu messen gilt. Dabei werden

Kennzahlen wie „Besucherzahlen, Übernachtungen, Gastronomieerlöse, Kommunalsteuern, Beschäftigungseffekte oder aber Image- und Werbewerte für die Austragungsstandorte und die Sponsoren"[46] zurate gezogen. Auf diese Weise wird der gesamtwirtschaftliche Nutzen eines Events erfasst.

Zudem kann zur Wirkungsmessung von B2C-Events Sponsorship-Monitoring betrieben werden. Dabei wird ein Event entweder für den jeweiligen Veranstalter oder aber für die einzelnen Sponsoren analysiert.[47] Hauptsächlich befasst sich das Sponsorship-Monitoring mit der Messung der Präsenz des Events in den Medien. Nach der Untersuchung hinsichtlich Anzahl von TV-Beiträgen, Presseartikeln, Meldungen in Onlineportalen oder im Teletext kann so der Werbewert der Veranstaltung errechnet werden. Die Messung von B2B-Events gestaltet sich als vergleichsweise schwierig. Vordergründig zielt der B2B-Bereich auf die Kontaktpflege mit den jeweiligen Zielgruppen ab, deren Erfolgsmessung jedoch recht schwer ist. Abhilfe sollen „standardisierte Modelle zur Messung des Returns on Investment"[48] schaffen, die jedoch derzeit noch in der Entwicklung stecken. Somit ließe sich ein Messinstrument konstruieren, welches die den Kunden versprochene Qualität darstellen könnte und somit zur Weiterentwicklung der jeweiligen Branche beitragen würde. Zweifellos ist es nahezu unmöglich, die genaue Höhe des Returns on Investment zu bestimmen, da neben quantitativen Fakten besonders auch qualitative Aspekte wie beispielsweise Image- und Markenwert bei der Erfolgsmessung eine wesentliche Rolle spielen.[49] Ein weiteres Kontrollinstrument stellen die sogenannten Direct-Mail-Panels dar. Mit diesen lässt sich die Wirkung von verschiedenen Direct-Mail-Aktionen erfassen, um u.a. Einstellungsanalysen und Werbewirkungskontrollen durchzuführen und anschließend eine Verbesserung der Dialogkommunikation anzustreben. Zu Direct-Mail-Aktionen zählen beispielsweise Werbebriefe, Flyer, Prospekte oder auch Warenproben. Einerseits ermöglichen Direct-Mail-Panels die Analyse

des eigenen unternehmensinternen Vorgehens. Andererseits kann damit auch eine Beobachtung relevanter Wettbewerber angestrebt werden, um die Kommunikation noch effizienter und effektiver gestalten zu können.[50] Neben wirtschaftlichen Größen sollen möglichst auch bestimmte psychographische Bestimmungsgrößen zur Erfolgsmessung eruiert werden. Eine entscheidende Rolle spielen hierbei sowohl die Zielgruppenauswahl und das inhaltliche Angebot als auch der Zeitpunkt der Zustellung und die Gestaltung des Mediums.

Die Datenerhebung erfolgt, in dem die Panelteilnehmer dazu aufgefordert werden, die empfangenen Direct Mails an ein Marktforschungsinstitut zu senden. Zu den bedeutenden Kennzahlen zur Erfolgsmessung zählen die Trash Rate, die Attention Rate und die Action Rate. Die Trash Rate gibt an, welcher Prozentsatz der Direct Mails ungeöffnet an das jeweilige Marktforschungsinstitut geschickt wird, die Attention Rate stellt hingegen den Prozentsatz der eingesandten geöffneten Direct Mails dar. Hingegen zeigt die Action Rate auf, wie viel Prozent der Direct Mails von den Panel-Teilnehmern letztendlich behalten wurden.[51] Die Auswertung der Direct-Mail-Panels erfolgt jedoch nicht von anderen Kommunikationsinstrumenten getrennt. Viel eher wird der Kommunikationsmix in seiner Gesamtheit betrachtet, sodass auch Panel-Daten anderer Medien in die Analyse mit einbezogen werden, um eine intermediale Vergleichbarkeit zu gewährleisten.[52]

Die Evaluationsergebnisse werden für die Planung zukünftiger Kommunikationsmaßnahmen verwendet

Neben der Frage nach den genutzten Kontrollinstrumenten zielte eine weitere Frage des Monitors Wirtschaftskommunikation auf die Nutzung der Evaluationsergebnisse ab. In den Antworten zeichnet sich ab, dass die mithilfe der Evaluationstools ermittelten Ergebnisse nach wie vor überwiegend für die Auswertung der Kommunikationsarbeit (67,9

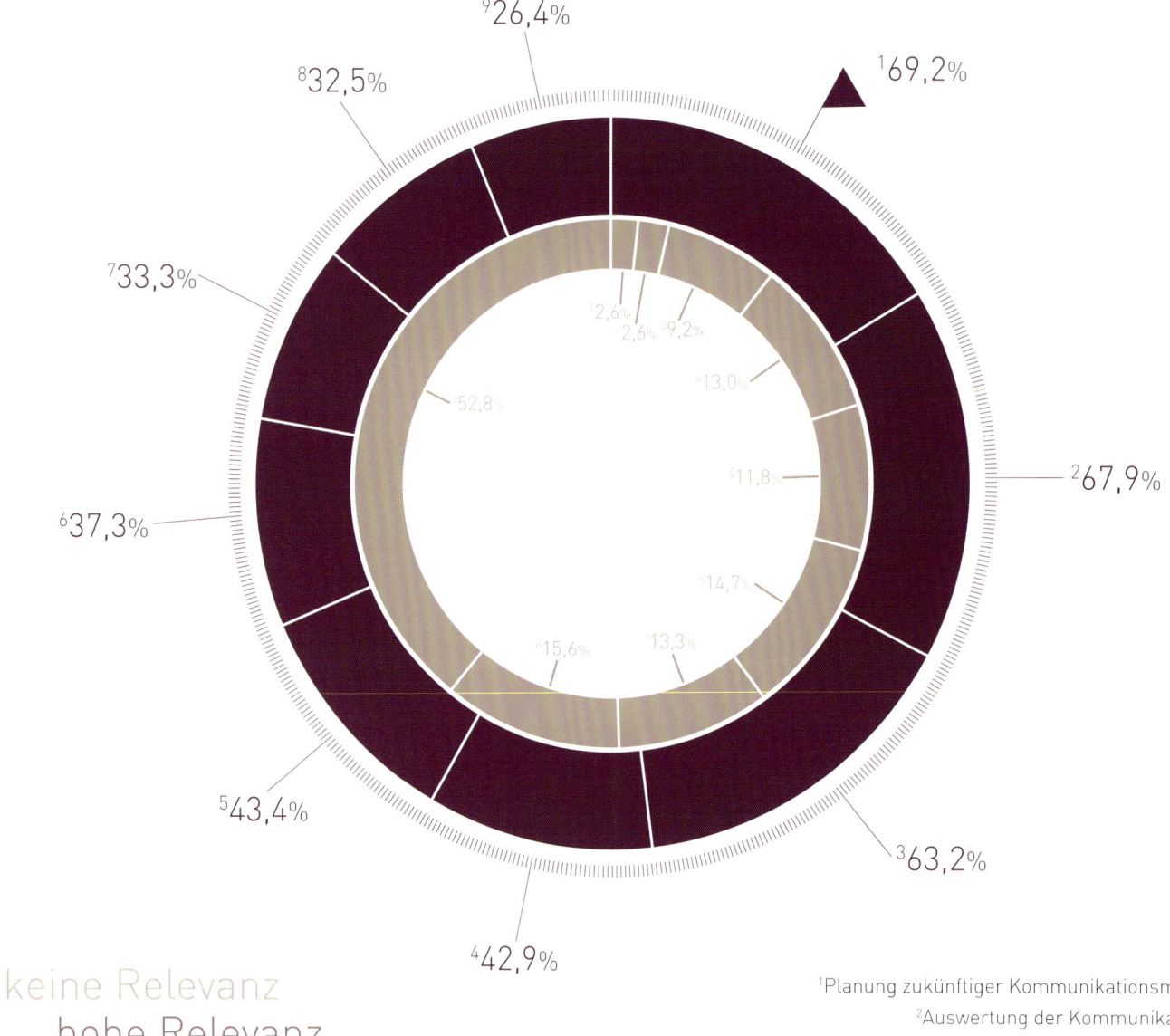

⁹26,4%

⁸32,5%

¹69,2%

⁷33,3%

²67,9%

⁶37,3%

⁵43,4%

³63,2%

⁴42,9%

¹2,6%
²2,6%
³9,2%
⁸13,0%
⁹52,8%
⁵11,8%
⁷14,7%
⁶15,6%
⁴13,3%

keine Relevanz
hohe Relevanz

¹Planung zukünftiger Kommunikationsmaßnahmen
²Auswertung der Kommunikationsarbeit
³Berichterstattung an die Geschäftsführung
⁴Marktbeobachtung
⁵Frühzeitige Erkennung von Themen und Trends
⁶Budgetplanung
⁷Optimierung der Unternehmensstrategie
⁸Konkurrenzbeobachtung
⁹Ermittlung des Wertschöpfungsbeitrags der Kommunikation

Abb. 17 Nutzung der Evaluationsergebnisse | n:76

Prozent) sowie für die Planung zukünftiger Kommunikationsmaßnahmen (69,2 Prozent) verwendet werden. Ähnliche Zahlen erreichte eine Befragung durch das Bundesministerium für Wirtschaft und Technologie, in der nach der Verwendung der Ergebnisse von Web-Analysen in kleinen und mittelständischen Unternehmen gefragt wurde. In dieser Umfrage steht die Planung von Marketingmaßnahmen mit 68,9 Prozent an erster Stelle.[53]

Darüber hinaus sind die Ergebnisse der Erfolgskontrolle von großer Bedeutung für die Berichterstattung an die Geschäftsleitung, wie 63,2 Prozent der Befragten angaben. Verglichen mit 2012 wurde die Nutzung der Evaluationsergebnisse für die Budgetplanung von deutlich weniger Befragten, nämlich von nur 37,3 Prozent, als sehr relevant eingestuft. Das könnte mit der Schwierigkeit zusammenhängen, die Maßnahmen direkt in Umsätzen zu korrelieren, wie später anhand des Beispiels Social Media konkreter erläutert wird.

Die Bedeutungseinstufung von Erfolgskontrolle für die Konkurrenzbeobachtung ist im Gegensatz zum Vorjahr von 67,4 auf 32,5 Prozent stark gesunken. Ebenfalls geringer eingestuft wurde die Bedeutung, frühzeitig Themen und Trends zu erkennen. Diese liegt im Ergebnis von 2013 bei 43,4 Prozent, für die Marktbeobachtung liegt sie bei 42,9 Prozent. Trotz der unbestrittenen Relevanz, dass das Thema Erfolgskontrolle von Kommunikationsmaßnahmen für Unternehmen hat, findet man nur wenige Studien dazu. Lediglich das Social-Media-Monitoring wird umfangreich untersucht und in Studien hinterfragt. Das könnte ein Grund für die eingangs erwähnte Aussage sein, dass das Thema Erfolgskontrolle als besondere Herausforderung angesehen wird. Gleichzeitig verwundert dieses Ergebnis aber auch, da an Kommunikationsabteilungen oft der Anspruch gestellt wird, ihre Maßnahmen in Umsatzzahlen zu korrelieren. So zwingen knappe Budgets insbesondere Kommunikationsabteilungen dazu, den „Wertbeitrag der Kommunikation"[54] nachzuweisen.

68 Prozent der Befragten verwenden weniger als fünf Prozent ihres Kommunikationsbudgets für die Erfolgskontrolle

Obwohl die von den Evaluationsinstrumenten gewonnenen Erkenntnisse von den befragten Unternehmen häufig und gern genutzt werden, fällt der Budgetanteil für die Durchführung von Erfolgskontrolle erstaunlich gering aus. Die Mehrheit der Unternehmen (68 Prozent) verwendet dafür weniger als fünf Prozent des Gesamtbudgets. Lediglich knapp fünf Prozent aller Befragten geben mehr als zehn Prozent des gesamten Kommunikationsbudgets für Evaluationsmaßnahmen aus.

Allerdings zeigt eine andere Umfrage unter Fach- und Führungskräften aus Pressestellen verschiedener Unternehmen, dass das Budget im Bereich Evaluation tendenziell eher erhöht als gekürzt wird. Gefragt wurde nach der Budgetentwicklung der einzelnen Bereiche der Kommunikationsarbeit.[55]

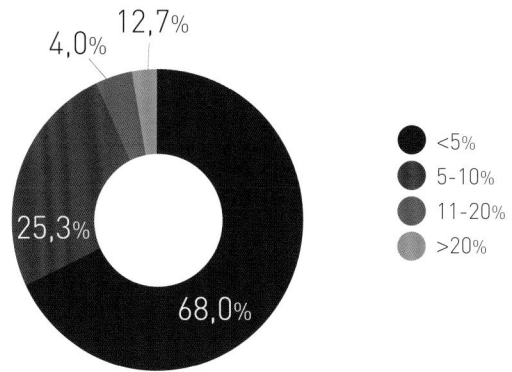

Abb. 18 Anteil des gesamten Kommunikationstbugets für Erfolgskontrolle | n:75

Über die Frage nach dem Budgetanteil hinaus wurde im Monitor 2013 gefragt, wie gut die befragten Unternehmen ihre Social-Media-Aktivitäten in Umsätzen korrelieren können. Ein Großteil der Unternehmen (65,6 Prozent) gab an, dass das nicht gelinge.

In einer Umfrage von McKinsey wurden Marketingverantwortliche in Unternehmen, Agenturen und Medien um ihre Einschätzung gebeten, wie klar ihr Verständnis darüber ist, welchen Beitrag zum Erfolg die einzelnen Kommunikationsmaßnahmen leisten. Nur 15 Prozent der Befragten werbetreibenden Unternehmen stimmten der Aussage zu, sie hätten jederzeit ein klares Verständnis des Erfolgsbeitrags einzelner Kommunikationsaktivitäten.[56] Von den Agenturen und Medienunternehmen trauen sogar nur drei Prozent den Unternehmen ein derartiges Verständnis zu.[57]

Aufgrund solcher Erkenntnisse und aufgrund der Auswirkungen der letzten Wirtschaftskrise ist die Bedeutung von Marketing-Controlling in den vergangenen Jahren stetig gewachsen.[58] Es ist deutlich, wie wichtig es ist, die Erfolgskontrolle sowohl im Hinblick auf weiche Aspekte, wie Bekanntheit und Informationsreichweite, als auch auf monetäre Faktoren auszubauen.

Mehr und mehr werden Unternehmen automatisch dazu gezwungen, ihre Budgets besser zu überprüfen, um mögliche finanzielle Verluste bereits während der Budgetplanung auszuschließen. Laut Aussagen der GBI Genios Deutsche Wirtschaftsdatenbank GmbH könnten Großunternehmen jährlich bis zu zehn Millionen Euro einsparen, vorausgesetzt, sie würden effizienteres Marketing-Monitoring betreiben.[59] Effizient bedeutet in diesem Fall, dass im Vorfeld der Erfolgskontrolle klare, messbare Ziele definiert und bei der Evaluation sowohl wirtschaftliche Kennzahlen als auch qualitative Größen wie beispielsweise Kundenzufriedenheit berücksichtigt werden.

Zudem stehen Kommunikationsabteilungen bei der internen Budgetplanung bzw. Budgetverteilung vor der Herausforderung, den eigenen Finanzmittelbedarf gegenüber anderen Abteilungen deutlich zu machen. Hier sind andere Abteilungen oft erfolgreicher, da sie ihren Return on Investment nachvollziehbarer belegen können. Für Budgetverhandlungen gegenüber dem Controlling ist es unabdingbar, eine datengestützte Grundlage zu schaffen, anhand derer die Erfolge der Kommunikationsaktivitäten ablesbar werden. Großunternehmen sind, was faktenbasiertes Marketing angeht, schon wesentlich weiter als kleine Unternehmen. [60]

Andere Bereiche werden hinsichtlich zukünftiger Investitionsbereitschaft für wichtiger als das Thema Erfolgskontrolle gehalten

Fragt man nach der Investitionsbereitschaft, so wird deutlich, dass hier die Optimierung der Erfolgskontrolle an letzter Stelle steht. In einer Studie von OWM und McKinsey wurde gefragt, in welchem Bereich Werbetreibende zehn Prozent mehr Marketingbudget investieren würden. An erster Stelle wurde von der überwiegenden Zahl der Befragten die Verbesserung der Medialeistung genannt. Unterschiede werden hier allerdings je nach Marketingbudget deutlich.[61] Demzufolge muss die Notwendigkeit von Erfolgskontrolle kommunikativ vermittelt und in unternehmerische Abläufe als Selbstverständlichkeit integriert werden.

Evaluationsentwicklung vor besonderen Herausforderungen

Die Entwicklung geeigneter Evaluationsmethoden stellt aktuell wie zukünftig eine besondere Herausforderung dar,[62] da die Instrumente nicht nur zweckgerichtet und effizient, sondern auch leicht anwendbar sein müssen. Ein Problem, das sich derzeit zusätzlich stellt, ist das

Nichtvorhandensein einer branchenübergreifenden Standardsoftware zum Betreiben eines effizienten Marketing-Controllings.[63] Unternehmen unterschiedlicher Branchen nutzen zur Erfolgskontrolle ihrer Kommunikationsmaßnahmen verschiedenste Programme bzw. Analyse-Tools, sodass ein computergestützter und branchenübergreifender Vergleich der Kommunikationsarbeit bisher nur schwer möglich ist. Es müssen also gemeinsame Standards zur Messung des Mehrwerts von Kommunikationsmaßnahmen entwickelt werden.[64] Vor allem Firmen mit hohem Marketingbudget sehen Investitionen in die Entwicklung eines effektiven Kennzahlensystems als geeignete Maßnahme zur besseren Wirkungsmessung.[65] Zwar gibt es schon einige Maßnahmen, allerdings konnte noch keine Methode entwickelt werden, „die eine umfassende Bewertung und Beurteilung der Integrierten Kommunikation ermöglicht".[66]

Zusätzlich zu den Anforderungen an geeignete Instrumente besteht deutlicher Weiterbildungsbedarf für Mitarbeiter von PR-Agenturen und Pressestellen im Bereich Evaluation, wie eine Befragung der News Aktuell herausstellt.[67]

Die fortschreitende Entwicklung im Bereich Social Media nimmt außerdem zunehmend Einfluss auf die Gestaltung des Marketing-Monitorings. Da sich User des Web 2.0 vermehrt auf Plattformen wie Facebook, YouTube und Twitter über Produkte und Dienstleistungen von Unternehmen austauschen, bietet sich eine hilfreiche Grundlage, die Einträge im Internet mit passenden Evaluationsinstrumenten quantifizierbar zu machen. Somit lassen sich dann auch die Budgets viel leichter planen.[68]

Fußnoten & Quellenverzeichnis

1 Vgl. Faktenkontor GmbH, News aktuell GmbH (2010): PR-Trendmonitor 2010 – Pressearbeit und PR in einem neuen Medienzeitalter, Hamburg.

2 Vgl. Bruhn, Manfred (2010): Kommunikationspolitik. Systematischer Einsatz der Kommunikation für Unternehmen, 6. Auflage, München. S.547.

3 Vgl. Fieseler, Christian et al. (2006): Innovative Wirtschaftskommunikation. Interdisziplinäre Problemlösungen für die Wirtschaft, Wiesbaden. S.24.

4 & 5 Vgl. Bruhn, Manfred (2010): Kommunikationspolitik. Systematischer Einsatz der Kommunikation für Unternehmen, 6. Auflage, München. S.547.

6 Vgl. ebd. S.548.

7 Vgl. Fieseler, Christian et al. (2006): Innovative Wirtschaftskommunikation. Interdisziplinäre Problemlösungen für die Wirtschaft, Wiesbaden. S.24.

8 Vgl. Bruhn, Manfred (2010): Kommunikationspolitik. Systematischer Einsatz der Kommunikation für Unternehmen, 6. Auflage, München. S.548.

9 Vgl. Fieseler, Christian et al. (2006): Innovative Wirtschaftskommunikation. Interdisziplinäre Problemlösungen für die Wirtschaft, Wiesbaden. S.24f.

10 Vgl. Bruhn, Manfred (2008): Stand der Integrierten Kommunikation in den deutschsprachigen Ländern. In: Die Unternehmung, 62. Jg., Nr. 4, S. 339-360, Zürich. S.354.

11 Vgl. Fieseler, Christian et al. (2006): Innovative Wirtschaftskommunikation. Interdisziplinäre Problemlösungen für die Wirtschaft, Wiesbaden. S.25.

12 Vgl. Bruhn, Manfred (2008): Stand der Integrierten Kommunikation in den deutschsprachigen Ländern. In: Die Unternehmung, 62. Jg., Nr. 4, S. 339-360, Zürich. S.354.

13 Bruhn, Manfred (2008): Stand der Integrierten Kommunikation in den deutschsprachigen Ländern. In: Die Unternehmung, 62. Jg., Nr. 4, S. 339-360, Zürich. S.353.

14 Vgl. Fieseler, Christian et al. (2006): Innovative Wirtschaftskommunikation. Interdisziplinäre Problemlösungen für die Wirtschaft, Wiesbaden. S.25.

15 & 16 Vgl. ebd.

17 Vgl. Bruhn, Manfred (2008): Stand der Integrierten Kommunikation in den deutschsprachigen Ländern. In: Die Unternehmung, 62. Jg., Nr. 4, S. 339-360, Zürich. S.354.

18 & 19 Vgl. Fieseler, Christian et al. (2006): Innovative Wirtschaftskommunikation. Interdisziplinäre Problemlösungen für die Wirtschaft, Wiesbaden. S.25.

20 Vgl. Bruhn, Manfred (2010): Kommunikationspolitik. Systematischer Einsatz der Kommunikation für Unternehmen, 6. Auflage, München. S.547.

21 Vgl. Fieseler, Christian et al. (2006): Innovative Wirtschaftskommunikation. Interdisziplinäre Problemlösungen für die Wirtschaft, Wiesbaden. S.25.

22 Vgl. Bruhn, Manfred (2008): Stand der Integrierten Kommunikation in den deutschsprachigen Ländern. In: Die Unternehmung, 62. Jg., Nr. 4, S. 339-360, Zürich. S.356.

23 Vgl. http://www.pr-wiki.de/index.php/Main/Medienresonanzanalyse, Stand 25.07.13.

24 Vgl. http://www.ausschnitt.de/download/medienanalyse_mail.pdf, Stand 26.07.13.

25 Vgl. Guery, Iris (2007): Bewertungsmethoden und Erfolgsfaktoren von Public Relations als Organisationsfunktion in Unternehmen und deren Einfluss auf den Unternehmenserfolg. In Theorie und Praxis. (zugleich Diss. Universität Freiburg in der Schweiz 2007). S.118.

26 Vgl. ebd. S.117.

27 Vgl. ebd. S.115ff.

28 Vgl. http://www.medialine.de/deutsch/wissen/medialexikon.php?snr=4752, Stand 27.07.13.

29 Vgl. http://www.wirtschaftslexikon24.com/d/reichweite/reichweite.htm, Stand 27.07.13.

30 Vgl. http://zerfass.de/Ansgar%20Zerfa%DF%20-%20Rituale%20der%20Verifikation%20-%20Vorabdruck.pdf, Stand 27.07.13.

31 Vgl. Guery, Iris (2007): Bewertungsmethoden und Erfolgsfaktoren von Public Relations als Organisationsfunktion in Unternehmen und deren Einfluss auf den Unternehmenserfolg. In Theorie und Praxis. (zugleich Diss. Universität Freiburg in der Schweiz 2007). S.125.

32 Vgl. ebd. S.99.

33 Vgl. http://wirtschaftslexikon.gabler.de/Archiv/133126/issue-monitoring-v5.html, Stand 27.07.13.

34 Vgl. http://www.wirtschaftslexikon24.com/d/input-output-analyse/input-output-analyse.htm, Stand 28.07.13.

35 Vgl. Tennert, Falk (2011): Monitor der Wirtschaftskommunikation 2010. In: Jahrbuch des Deutschen Preises für Wirtschaftskommunikation 2011, Berlin. S.13.

36 Vgl. Bruhn, Manfred (2008): Stand der Integrierten Kommunikation in den deutschsprachigen Ländern. In: Die Unternehmung, 62. Jg., Nr. 4, S. 339-360, Zürich. S.353.

37, 38 & 39 Vgl. ebd.

40 Dahlhoff, Dieter/Korzen, Eva Janina (2009): Direct Mail-Panels als Instrument der Evaluation von Kommunikationsmaßnahmen. In: transfer: Werbeforschung und Praxis. Nr. 04/2009. S. 33-41. Hamburg. S.33.

41 Vgl. Econsultancy (2012): Nutzt Ihre Firma die kostenpflichtige Premium-Version von Google Analytics? Statista.

42 Vgl. News Aktuell, Faktenkontor (2011): Wo sehen Sie für sich selbst den größten Weiterbildungsbedarf in den nächsten 12 Monaten? (3 Nennungen). Statista.

43 Vgl. z.B. Econsultancy (2012): Nutzt Ihre Firma die kostenpflichtige Premium-Version von Google Analytics? Statista.

44 Vgl. Bruhn, Manfred (2008): Stand der Integrierten Kommunikation in den deutschsprachigen Ländern. In: Die Unternehmung, 62. Jg., Nr. 4, S. 339-360, Zürich. S.353.

45 Vgl. ebd.

46 Wolfschluckner, Gudrun (2010): Emotionen in Zahlen. In: Bestseller Nr. 07-08/10. S. 28, Perchtoldsdorf. S.28.

47 Vgl. ebd.

48 Ebd.

49 Vgl. ebd.

50 Vgl. Dahlhoff, Dieter/Korzen, Eva Janina (2009): Direct Mail-Panels als Instrument der Evaluation von Kommunikationsmaßnahmen. In: transfer: Werbeforschung und Praxis. Nr. 04/2009. S. 33-41. Hamburg. S.33.

51 Vgl. ebd. S.35.

52 Vgl. ebd. S.34.

53 Vgl. Bundesministerium für Wirtschaft und Technologie (2009): Verwendung der Ergebnisse von Web-Analysen in kleinen und mittelständischen Unternehmen 2009. Statista.

54 Bruhn, Manfred (2008): Stand der Integrierten Kommunikation in den deutschsprachigen Ländern. In: Die Unternehmung, 62. Jg., Nr. 4, S. 339-360, Zürich. S.356.

55 Vgl. News Aktuell, Faktenkontor (2011): Wo sehen Sie für sich selbst den größten Weiterbildungsbedarf in den nächsten 12 Monaten? (3 Nennungen). Statista.

56 & 57 Vgl. OWM, McKinsey (2012): Hohe Investition auf geringer Faktenbasis – eine Studie zur Zukunft des Media- und Kommunikationsmanagements in Unternehmen, Düsseldorf/Berlin. S.20.

58 & 59 Vgl. Reil, H. (2011): Marketing-Controlling (MC) – bei der Budgetplanung herrscht noch immer das Pi-mal-Daumen-Prinzip. In: GENIOS WirtschaftsWissen. Nr. 03/2011. München: GBI-Genios Deutsche Wirtschaftsdatenbank GmbH.

60 Vgl. OWM, McKinsey (2012): Hohe Investition auf geringer Faktenbasis – eine Studie zur Zukunft des Media- und Kommunikationsmanagements in Unternehmen, Düsseldorf/Berlin. S.19.

61 Vgl. ebd. S.7.

62 Vgl. Bruhn, Manfred (2008): Stand der Integrierten Kommunikation in den deutschsprachigen Ländern. In: Die Unternehmung, 62. Jg., Nr. 4, S. 339-360, Zürich. S.355.

63 Vgl. Reil, H. (2011): Marketing-Controlling (MC) – bei der Budgetplanung herrscht noch immer das Pi-mal-Daumen-Prinzip. In: GENIOS WirtschaftsWissen. Nr. 03/2011. München.

64 Vgl. OVgl. OWM, McKinsey (2012): Hohe Investition auf geringer Faktenbasis – eine Studie zur Zukunft des Media- und Kommunikationsmanagements in Unternehmen, Düsseldorf/Berlin. S.20.

65 Vgl. ebd. S.21.

66 Bruhn, Manfred (2008): Stand der Integrierten Kommunikation in den deutschsprachigen Ländern. In: Die Unternehmung, 62. Jg., Nr. 4, S. 339-360, Zürich. S.356.

67 Vgl. Faktenkontor GmbH, News aktuell GmbH (2010): PR-Trendmonitor 2010 – Pressearbeit und PR in einem neuen Medienzeitalter, Hamburg.

68 Vgl. Reil, H. (2011): Marketing-Controlling (MC) – bei der Budgetplanung herrscht noch immer das Pi-mal-Daumen-Prinzip. In: GENIOS WirtschaftsWissen. Nr. 03/2011. München: GBI-Genios Deutsche Wirtschaftsdatenbank GmbH.

SOCIAL MEDIA
KAPITEL IV

von Manuela Brückner | Manuel Libudzewski | Philipp Steger

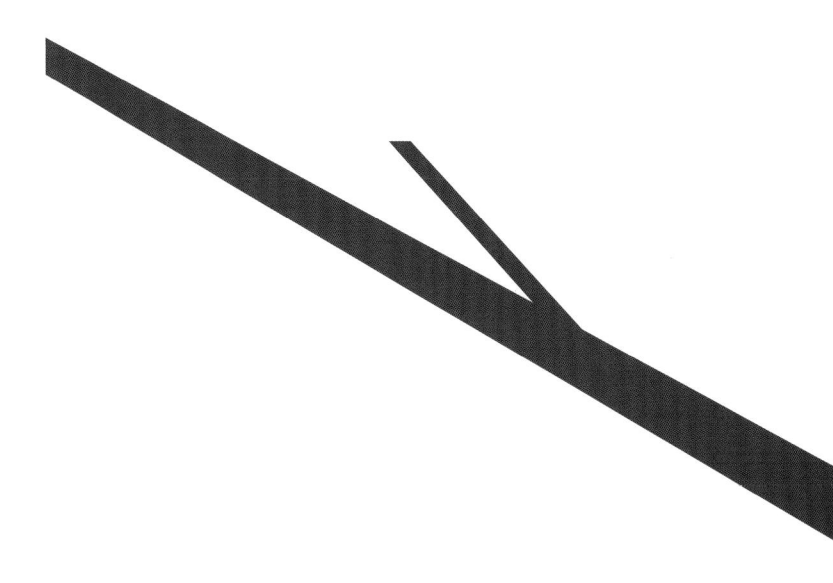

„The ROI of social media is your business will still exist in five years."

(Erik Qualmann)

Social Media ist längst über den Status einer Modeerscheinung hinausgewachsen. Es existieren zahlreiche Fachpublikationen, Blogs, die sich explizit diesem Thema widmen und regelmäßig stattfindende Konferenzen, auf denen über aktuelle und zukünftige Trends referiert wird. In den Medien wird nicht nur über Social Media berichtet, Social Media hat selbst einen Platz in der Medienlandschaft eingenommen. Es dürfte eigentlich kaum noch Unternehmer geben, die sich nicht mit den Chancen und Risiken von Facebook, Twitter & Co. beschäftigen. Welche Bedeutung Social Media tatsächlich für die befragten Unternehmen bzw. Kommunikationsexperten hat, welche Plattformen bevorzugt und was für Ziele damit erreicht werden sollen, soll Gegenstand dieses Abschnitts sein.

Der Einsatz von Social Media

82,9 Prozent der im Monitor Wirtschaftskommunikation 2013 befragten Unternehmen nutzen Social Media, 65 Prozent regelmäßig.(siehe Abb. 19).
Social Media ist damit auch im Jahr 2013 von äußerst großer Bedeutung für die Kommunikationsbranche. 82,9 Prozent der befragten Kommu-

nikationsprofis nutzen dieses Instrument als Kommunikationskanal für das Unternehmen. Verglichen mit anderen Branchen nimmt Social Media in der Kommunikationsbranche einen deutlich höheren Stellenwert ein. Das liegt auch daran, dass in anderen Branchen die Skepsis gegenüber Social Media noch nicht abgebaut ist.

Dies belegt eine Studie des Bundesverbandes Informationswirtschaft, Telekommunikation und neue Medien e.V. (BITKOM), in der 723 Unternehmen aller Branchen zum Einsatz sozialer Medien befragt wurden. Die Studie ergab, dass zwar fast die Hälfte (47 Prozent) aller Unternehmen in Deutschland Social Media einsetzen, doch auch, dass 38 Prozent aller Unternehmen gar nicht im Social Web aktiv sind.[1] Die Hälfte der Befragten aus dieser Gruppe hat rechtliche Bedenken, insbesondere hinsichtlich des Datenschutzes. 62 Prozent sagen zur Begründung, dass sie mit Social Media ihre Zielgruppen nicht erreichen. Kommunikationsexperten zeigen sich also deutlich aufgeschlossener gegenüber der Implementierung von Social-Media-Maßnahmen, Tendenz steigend. Denn wie aus Abb. 15 zu entnehmen ist, schätzen 84 Prozent der Befragten, dass die Bedeutung von Social Media für ihre Unternehmenskommunikation in den nächsten zwei Jahren weiter zunehmen wird.

Die Bedeutung und Verwendung einzelner Plattformen

In den letzten Jahren sind unzählige neue Social-Media-Plattformen online gegangen. Einige davon haben sich etabliert und verfügen nun über eine große Community. Andere Plattformen sind mittlerweile wieder aus dem Social Web verschwunden oder wurden in andere Onlinedienste integriert. Daher wurde in der Studie bewusst nicht nach der Nutzung bestimmter sozialer Netzwerke oder Blogs gefragt – vielmehr wurden die verschiedenen Anwendungen in Kategorien zusammen-

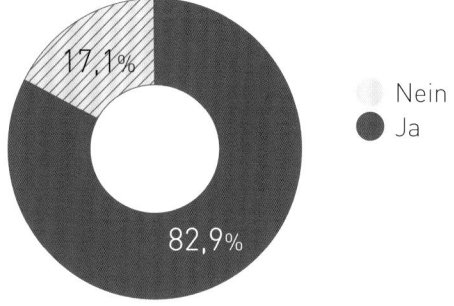

Nein
Ja

Abb. 19 Nutzung von Social Media | n:82

gefasst. So lässt sich in der fragmentierten Social-Media-Landschaft besser erkennen, welche Arten von Social Media deutsche Unternehmen bevorzugen und welchen sie eher skeptisch gegenüberstehen.

Für 75,4 Prozent der befragten Unternehmen, die Social-Media-Maßnahmen nutzen, sind soziale Netzwerke wie Facebook, Google+ und Co. wichtig für die Unternehmenskommunikation. Außerdem nutzen bereits 96,9 Prozent soziale Netzwerke für die Durchführung ihrer Social-Media-Aktivitäten. Die Ergebnisse der BITKOM-Studie „Social Media in deutschen Unternehmen" aus dem Jahr 2012 spiegeln ähnliche Werte wider. In der Studie gaben 86 Prozent der Social Media nutzenden Unternehmen an, in sozialen Netzwerken aktiv zu sein.[2]
Unternehmen, deren Zielgruppe sich im Social Web tummelt, kommen ohnehin selten um soziale Netzwerke herum. Und nur die wenigsten haben heute keinen Account in einem sozialen Netzwerk. Drei Viertel (74 Prozent) der Internetnutzer in Deutschland sind mindestens in einem sozialen Online-Netzwerk angemeldet, zwei Drittel nutzen die sozialen Netzwerke auch aktiv – das geht aus einer repräsentativen Erhebung von Forsa im Auftrag des BITKOM hervor. Bei den 14- bis 29-jährigen Internetnutzern sind bereits 92 Prozent Mitglied in einer oder mehreren Online-Communities.[3]
Betracht man die Relevanz der einzelnen sozialen Netzwerke anhand einer von Comscore angefertigten Auswertung, die die Unique Visitors für den Monat März 2013 in Deutschland verglichen hat, so liegt Facebook unangefochten auf Platz 1 (39 Million Unique Visitors im Monat). Google+ hat sich in Deutschland mit 6,7 Millionen monatlichen Besuchern etabliert und nimmt den 2. Platz vor dem Business Netzwerk Xing mit 5,3 Millionen Unique Visitors ein. Stark abgebaut haben die VZ-Netzwerke mit 1,5 Millionen Besuchern.[4]
Business Netzwerke wie Xing und das internationale Pendant LinkedIn schneiden im Monitor Wirtschaftskommunikation 2013 als „zweitwichtigste" Social-Media-Maßnahme ab. Die Hälfte der befragten Unternehmen schätzen diese Netzwerke als wichtig ein, 78,3 Prozent nutzen diese Plattformen auch aktiv. Fach- und Führungskräfte werden den Hauptnutzen von Xing vor allem in der Karriereförderung und Pflege von Geschäftskontakten sehen.

Akzeptanz von Twitter & Co. hat Wachstumspotenzial

Microblogs wie Twitter und Tumblr wird in Deutschland noch nicht die Bedeutung beigemessen, die sie beispielsweise in Amerika genießen. Dieses Bild zeichnet sich auch in der vorliegenden Studie ab. Nur knapp ein Drittel der Befragten stuften die Microblogs als „wichtig" ein. Entgegen ihrer eigenen Skepsis bzw. Einschätzung integrieren Unternehmen diese Dienste trotzdem in ihre Kommunikation. Das gaben wiederum 84,1 Prozent der befragten Kommunikationsexperten an. Am Beispiel von Twitter könnte diese Diskrepanz auf die vergleichsweise geringe Nutzerzahl in Deutschland auf der einen Seite (circa 1 Million registrierte deutsche Nutzer) und der großen Bedeutung des Kurznachrichtendienstes in Übersee auf der anderen Seite zurückzuführen sein.

Hohe Twitter-Aktivität auf den großen Webseiten

Forscher der TU Darmstadt sind der Meinung, dass Nutzerzahlen alleine wenig Aufschluss über Aktivitäten in sozialen Netzwerken und somit auch über deren Qualität geben. Zu viele ungenutzte Profile und Fake-Accounts verfälschen das Bild. Stattdessen haben sie in einer Studie die 15 größten Medienwebsites Deutschlands hinsichtlich ihrer Facebook-Likes, Tweets und PlusOnes pro Artikel untersucht – seit Januar 2012. Die Auswertung der circa 600.000 Artikel von Websites wie bild.de, spiegel.de usw. ergab, dass circa 80 Prozent der Emp-

120

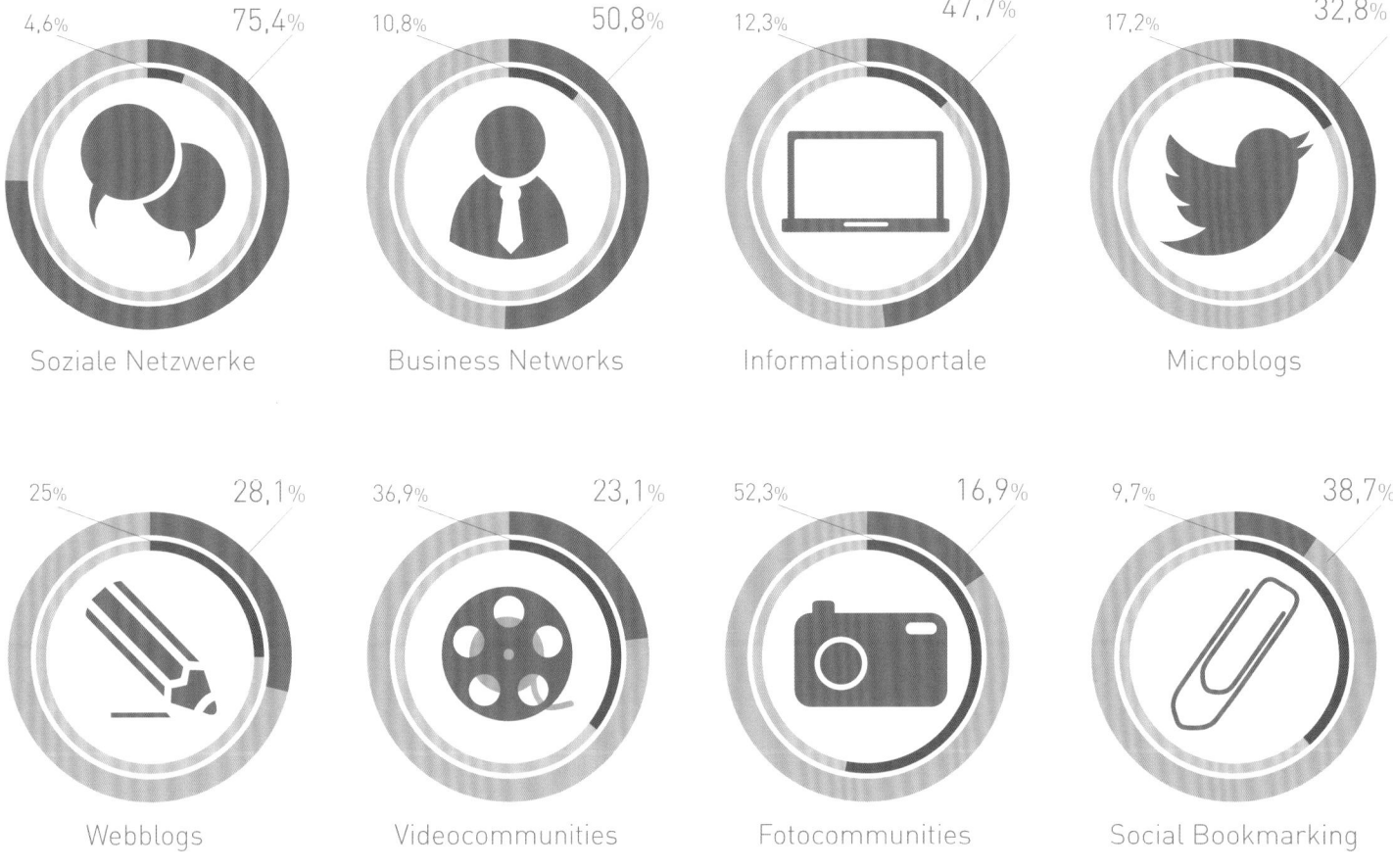

4,6%   75,4%   10,8%   50,8%   12,3%   47,7%   17,2%   32,8%

Soziale Netzwerke   Business Networks   Informationsportale   Microblogs

25%   28,1%   36,9%   23,1%   52,3%   16,9%   9,7%   38,7%

Webblogs   Videocommunities   Fotocommunities   Social Bookmarking

● Wichtig
● Unwichtig

Abb. 20 Bedeutung Social Media Maßnahmen | n:68

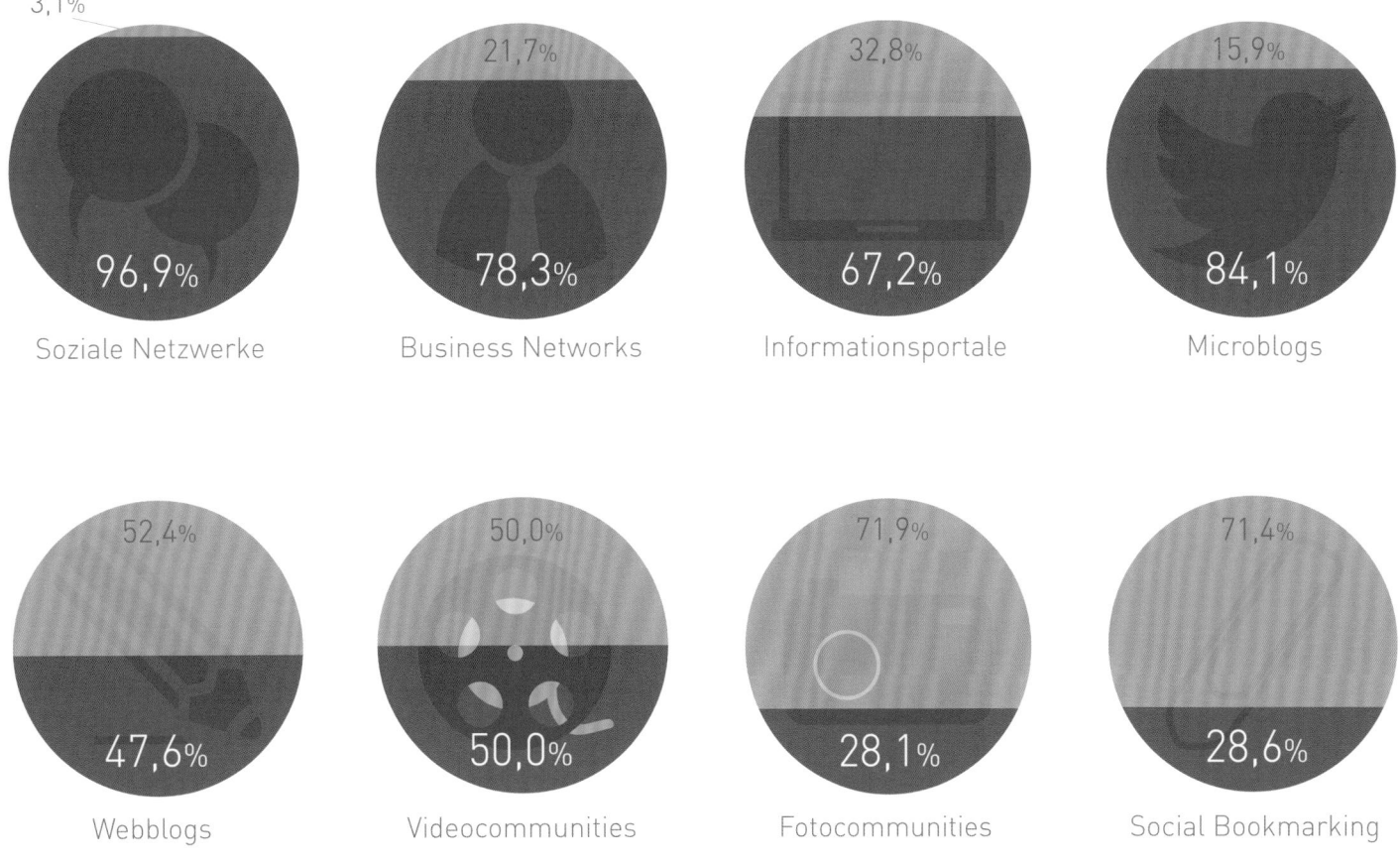

3,1%

96,9%
Soziale Netzwerke

21,7%
78,3%
Business Networks

32,8%
67,2%
Informationsportale

15,9%
84,1%
Microblogs

52,4%
47,6%
Webblogs

50,0%
50,0%
Videocommunities

71,9%
28,1%
Fotocommunities

71,4%
28,6%
Social Bookmarking

Nein
Ja

Abb. 21 Nutzung von Social Media Plattformen | n:62

fehlungen auf Facebook, immerhin knapp 19 Prozent auf Twitter und lediglich 1,5 Prozent auf Google+ entfallen.[5]

Interessant sind auch die unterschiedlichen Verteilungen an Tweets und Likes, die darauf schließen lassen, welche sozialen Empfehlungsdienste auf bestimmten Webseiten besonders stark zum Einsatz kommen. So finden auf bild.de 96 Prozent der Empfehlungen durch Facebook und 4 Prozent durch Twitter statt. Die Seite Handelsblatt.com hingegen verzeichnet immerhin 44 Prozent der Empfehlungen via Twitter und 55 Prozent via Facebook.[6]

Relevanz von Fotocommunities

Anhand der erhobenen Zahlen lässt sich vermuten, dass Fotocommunities in puncto Bedeutung und Verwendung bei Unternehmen eine untergeordnete Rolle spielen. Mehr als die Hälfte der Befragten bewerten diese als unwichtig, und bei knapp drei Viertel der Unternehmen finden diese Plattformen keine Verwendung in der Durchführung von Social-Media-Aktivitäten. Inwiefern sich das Wachstum von Pinterest in Deutschland auf diese Zahlen auswirken wird, bleibt abzuwarten.

Planung, Durchführung und Kontrolle von Social-Media-Aktivitäten

Social Media wird intern realisiert. Die internen Kommunikationsmanager (50,7 Prozent) und die Marketingabteilung (44,8 Prozent) der Unternehmen sind für die Planung, Durchführung und Kontrolle von Social-Media-Aktivitäten zuständig. Somit bleibt die Zuständigkeit zu großen Teilen im eigenen Haus. Bereits im Jahr 2012 stellte der BIT-KOM in seiner Studie dar, dass ein „Großteil der Social Media nutzenden Firmen" die Betreuung dieses Bereichs eigenen Mitarbeitern

überlässt.[7] Zu erwähnen ist auch, dass hierfür meist nur ein oder zwei Mitarbeiter eingesetzt wurden (bei 80 Prozent der Unternehmen).[8]

Auch wenn die Frage nach der Zahl der Social-Media-Mitarbeiter im Monitor Wirtschaftskommunikation 2013 nicht explizit untersucht wurde, sind Parallelen zur BITKOM-Studie anzunehmen, da bei knapp 70 Prozent der befragten Unternehmen nicht mehr als zehn Mitarbeiter für die Kommunikation zur Verfügung stehen, bei 43 Prozent sind dies sogar weniger als fünf Mitarbeiter.

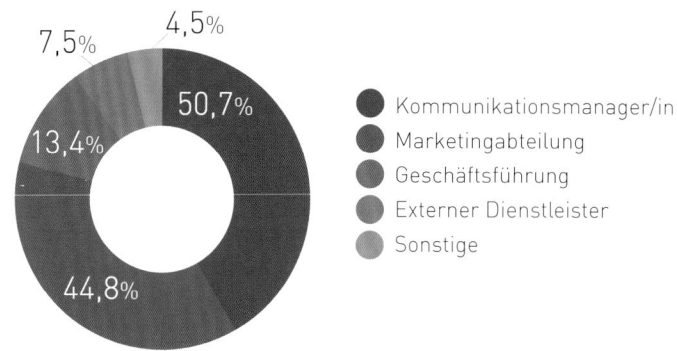

Abb. 22 Zuständigkeiten für Social Media Aktivitäten | n:67

Die Größe des Unternehmens ist ein entscheidender Faktor. Laut BIT-KOM haben 86 Prozent der Unternehmen mit mehr als 500 Beschäftigten eigene Mitarbeiter, die für die Steuerung der Social Media verantwortlich sind, bei den mittelständischen Unternehmen sind dies nur 41 Prozent.

Die Unternehmensgröße spielt auch bei der Frage nach Social Media Guidelines eine große Rolle. 63 Prozent der großen Unternehmen verfügen über sogenannte Social Media Guidelines, die Mitarbeitern Richtlinien für die berufliche Nutzung sozialer Medien bereitstellen, während es bei den kleinen Unternehmen nur 19 Prozent sind.[9] Social Media wird von den Mitarbeitern auch im privaten Bereich verwendet.

So wird der Mitarbeiter zum wertvollen, aber auch verantwortungsvollen Botschafter des Unternehmens und der Produkte. In der Außenkommunikation wird er, selbst wenn er sich privat äußert, häufig auch in seiner Rolle als Mitarbeiter des Unternehmens wahrgenommen. Mithilfe von Social Media Guidelines legen Unternehmen den Gebrauch von sozialen Medien für Mitarbeiter genau fest und definieren detailliert, wie und welche Inhalte Mitarbeiter im Namen des Unternehmens in sozialen Medien kommunizieren sollen und dürfen.

Externe Dienstleister

Externe Dienstleister kamen lediglich bei 7,5 Prozent der befragten Unternehmen zum Einsatz. Das spiegelt auch die Daten aus der Eingangsfrage „Wer für die interne bzw. externe Kommunikation zuständig sei" wider. Diese beantworteten 3,6 Prozent der Befragten mit „externe Dienstleister" (siehe Abb. 4). Daraus lässt sich allerdings auch ableiten, dass bei dem speziellen Einsatz von Social-Media-Maßnahmen eher externe Dienstleister eingeschaltet werden als bei „allgemeiner interner bzw. externer Kommunikation".

Externe Dienstleister, z.B. Onlineagenturen oder spezialisierte Social-Media-Berater, werden von fast einem Drittel (30 Prozent) der Großunternehmen, aber nur von 10 Prozent der kleinen und mittleren Unternehmen in Anspruch genommen.[10] Ein Grund für diesen Unterschied dürfte die Verfügbarkeit höherer Budgets, aber auch die mitunter größere Komplexität des Social-Media-Engagements bei Großunternehmen sein. Aber auch KMU können von der Expertise der Berater und Dienstleister profitieren, da diese insbesondere in der Anfangsphase dabei helfen können, Berührungsängste bei Mitarbeitern gegenüber Social Media abzubauen sowie Fachkompetenzen aufzubauen. Vor allem im Bereich des Monitorings sind externe Berater denkbar – hierzu aber später mehr.

Ziele von Social Media

Social Media hat sich mittlerweile in vielen deutschen Unternehmen etabliert. Daher war es interessant herauszufinden, was sich die Unternehmen vom Einsatz von Social-Media-Aktivitäten erhoffen.
Der Bundesverband Digitale Wirtschaft e.V. (BVDW) veröffentlichte in seiner Studie von 2011 „Social Media in Unternehmen" einen grundlegenden Überblick zur Nutzung und den zukünftigen Potenzialen von Social Media in deutschen Unternehmen.
Gemäß der befragten Unternehmen dieser Studie verfolgen deutsche Unternehmen mit der Nutzung von sozialen Medien vor allem klassische PR- und Marketingziele wie die Bekanntheitssteigerung (85 Prozent) und die Imageverbesserung (81,5 Prozent). Zusätzlich dazu streben sie aber auch nach der Stärkung der Kundenbindung (72,4 Prozent) und der Erschließung neuer Kundengruppen (74 Prozent).[11]
Das Deutsche Institut für Marketing (DIM) veröffentlichte im November 2012 eine weitere Studie zu Social Media Marketing in Unternehmen. Die Studienergebnisse zeigen, dass Social Media Marketing vor allem in Unternehmensbereichen wie Öffentlichkeitsarbeit/PR (76,0 Prozent), Kundenbindung/Kundenservice (70,1 Prozent), Marketing (62,3 Prozent) und Werbung (54,5 Prozent) eingesetzt wird. Marktforschung (19,5 Prozent) und Produktentwicklung (7,1 Prozent) nehmen eine eher untergeordnete Rolle ein. Bei den meisten Unternehmen steht die Kundenbindung (70,1 Prozent) als konkretes Ziel von Social-Media-Aktivitäten an erster Stelle. Neukundengewinnung (64,9 Prozent), Unterstützung der Online-Marketing-Ziele (64,3 Prozent) oder eine Steigerung der Marken- und/oder Produktbekanntheit (64,3 Prozent) wurden in der Studie des DIM als weitere Ziele angegeben.[12]
Auch der BITKOM beschäftigte sich in einer 2012 veröffentlichten Studie mit dem Thema Social Media in deutschen Unternehmen. In Anbetracht der Studienergebnisse lässt sich hier branchen- und größenübergreifend die Steigerung der Marken- oder Unternehmensbe-

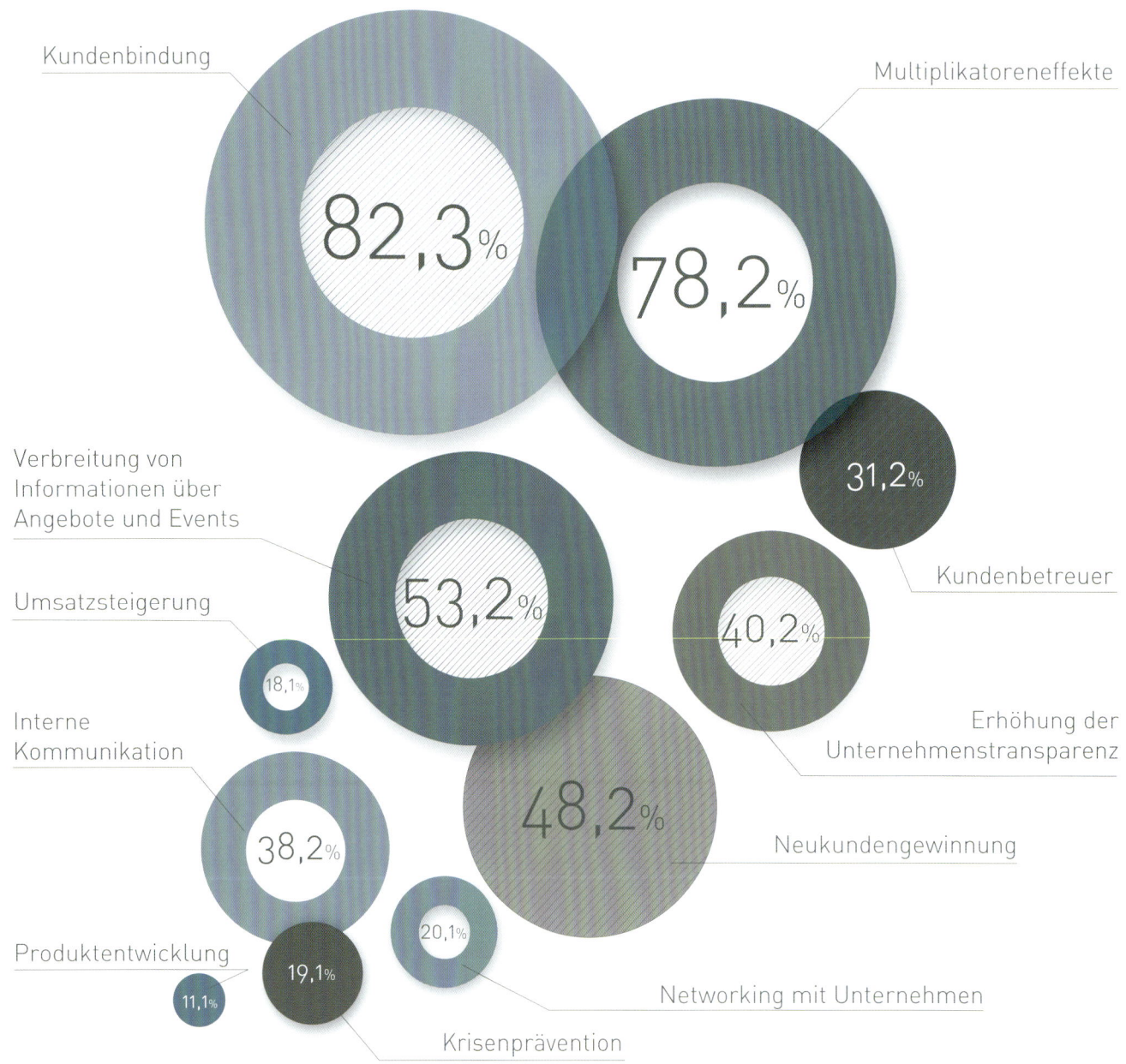

Kundenbindung

Multiplikatoreneffekte

82,3%

78,2%

Verbreitung von
Informationen über
Angebote und Events

31,2%

Umsatzsteigerung

Kundenbetreuer

53,2%

40,2%

18,1%

Interne
Kommunikation

Erhöhung der
Unternehmenstransparenz

48,2%

38,2%

Neukundengewinnung

Produktentwicklung

19,1%

20,1%

11,1%

Networking mit Unternehmen

Krisenprävention

Abb. 23 Ziele von Social Media Aktivitäten | n:66

kanntheit (82 Prozent) als wichtigstes Ziel definieren. Lediglich in der Dienstleistungsbranche hebt sich dieses Ziel noch deutlicher hervor als in den anderen Branchen (90 Prozent). Des Weiteren kommt hier der Gewinnung neuer Kunden (72 Prozent) eine große Bedeutung zu. Fast jedes fünfte Großunternehmen (19 Prozent) setzt bei der Erweiterung seines Produkt- und Dienstleistungsportfolios auf die Zusammenarbeit mit seinen Kunden via Social Media.[13]

Die Ergebnisse des Monitors Wirtschaftskommunikation 2013 heben mit 81,8 Prozent ebenfalls die Kundenbindung als bedeutendes Ziel hervor. Darüber hinaus unterstreicht auch die Zustimmung zur Neukundengewinnung (47 Prozent) die Ergebnisse der anderen Studien. Zusätzlich dazu spielen aber auch die Verbreitung von Informationen über Angebote (53 Prozent), die Kundenbetreuung (30,3 Prozent), die interne Kommunikation (37,9 Prozent), die Erhöhung der Unternehmenstransparenz (39,4 Prozent) sowie die Multiplikatoreffekte (77,3 Prozent) eine wichtige Rolle. Genau wie in den Studien von DIM und BVDW wird der Produktentwicklung (10,6 Prozent) keine große Bedeutung beigemessen. Obwohl gerade Social Media großes Potenzial für die Innovationsforschung zugeschrieben wird, hat sich die Nutzung offenbar noch nicht durchsetzen können. Daher wird Social Media sehr selten für die Produktentwicklung genutzt. Um noch detailliertere Aussagen treffen zu können, wurde darüber hinaus nach der Umsatzsteigerung (16,7 Prozent), der Krisenprävention (18,2 Prozent) und dem Networking mit Unternehmen (19,7 Prozent) als möglichen Zielen von Social-Media-Aktivitäten gefragt. Die Zustimmungen in diesen Bereichen befinden sich im Mittelfeld, sind also nicht ganz unwichtig, stellen vordergründig aber keine grundlegenden Kommunikationsziele dar.

Das Antwortverhalten legt die Vermutung nahe, dass derzeit insbesondere in zahlreichen KMU ein stringenter Ordnungsrahmen für den Einsatz von Social Media noch nicht gegeben ist. Zwei Drittel der Social Media nutzenden Unternehmen (66 Prozent) haben, laut BITKOM-Untersuchung, keine konkreten Ziele definiert, die mit sozialen Medien erreicht werden sollen. Ein ernüchterndes Ergebnis, wenn man bedenkt, dass konkrete Ziele als Grundvoraussetzung für eine erfolgreiche Herangehensweise von Social Media gelten. Social Media Guidelines sind für Mitarbeiter eine wichtige Hilfe im Umgang mit den neuen Kommunikationsinstrumenten im Internet. Sie helfen, Unsicherheiten zu reduzieren, Medienkompetenz aufzubauen und motivieren im Idealfall die Belegschaft, sich beruflich wie privat konstruktiv mit den Chancen und Risiken des Social Web auseinanderzusetzen. Jedoch hat nur knapp jedes fünfte Unternehmen, das soziale Medien einsetzt, interne Social Media Guidelines für seine Mitarbeiter eingeführt. Für diese Aufgabe, das sogenannte Social Media Monitoring, gibt es eine Reihe von kostenlosen und kostenpflichtigen Tools sowie professionelle Dienstleister. Auf die Frage, ob Social Media Monitoring wirklich betrieben wird, wird später noch genauer eingegangen.

Effektivität von Social-Media-Maßnahmen

Da Social-Media-Maßnahmen besonders darauf abzielen, die Kundenbindung und Kundenneugewinnung zu stärken und voranzutreiben, stellt sich die Frage, wie effektiv Unternehmen ihre Social-Media-Maßnahmen für das Erreichen ihrer Kommunikationsziele einschätzen.
In der BVDW-Studie werden die Social-Media-Aktivitäten ausgesprochen positiv bewertet. Hier gaben die 140 befragten Unternehmen an, dass sich die Nutzung von Social Media für 45,2 Prozent von ihnen „eher gelohnt" habe, für 15,9 Prozent hat es sich sogar „voll und ganz gelohnt". Der Ansicht, dass sich die Aktivitäten bisher „eher nicht gelohnt" haben, sind nur 13,5 Prozent. Und zusätzlich dazu gaben lediglich 2,4 Prozent an, dass sich der Einsatz der sozialen Medien „gar nicht gelohnt" habe.[14]

Im Vergleich dazu fällt das Resultat des Monitors nicht ganz so erfreulich aus. Die Befragten waren sich uneinig, ob sie ihr Social-Media-Engagement eher positiv oder negativ bewerten sollen. Aus diesem Grund gaben 55,6 Prozent an, dass sie die Effektivität ihrer Maßnahmen durchschnittlich, also zum Teil als positiv und zum Teil als negativ, beurteilen würden. Dennoch erwähnten bloß 1,6 Prozent, dass sich die Bemühungen gar nicht gelohnt, und 6,3 Prozent, dass sie sich nur wenig gelohnt haben. 11,1 Prozent sehen in der Nutzung von Social Media ein sehr wirksames, 25,4 Prozent ein effektives Mittel, ihre Kommunikationsziele zu erreichen.

Die Konsequenz hieraus könnte eine steigende Wertschätzung der sozialen Medien sein.

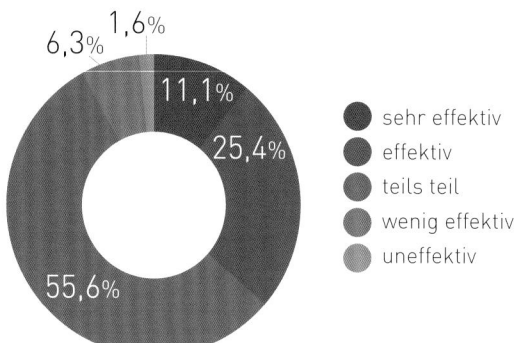

sehr effektiv
effektiv
teils teil
wenig effektiv
uneffektiv

Abb. 24 Einschätzung über die Effektivität von eingesetzten Social Media Maßnahmen | n:63

Um diese Aussage zu stützen, kann das Fazit der BITKOM-Studie herangezogen werden. Demnach glauben 62 Prozent der Social Media nutzenden KMU und 89 Prozent der Großunternehmen, dass die Bedeutung von sozialen Medien für ihr Unternehmen in Zukunft steigen wird. Entsprechend der Ansicht weiterer 30 Prozent der KMU und 5 Prozent der Großunternehmen hat die Bedeutung von Social Media

im Businesskontext nun ein Niveau erreicht, auf dem sie sich einpendeln wird. Lediglich 5 Prozent der Firmen, die im Social Web aktiv sind, gaben an, dass die Bedeutung von sozialen Medien im unternehmerischen Zusammenhang künftig wieder abnehmen wird.[15]

Korrelation von Social-Media-Aktivitäten und Umsatz

In Anbetracht der erhobenen Angaben zu den Zielen kommt der Umsatzsteigerung mit 16,7 Prozent keine beachtliche Gewichtung zu. Dennoch stellt sich im wirtschaftlichem Kontext für Unternehmen die Frage, ob es gelingt, Social-Media-Aktivitäten in Umsätze zu korrelieren. Eine Studie von Senior Executives (2012) belegt den ROI von Social-al-Media-Kampagnen.[16] Für viele Unternehmen stellt sich, trotz hoher laufender Kosten, die Frage, ob man durch den Einsatz von Social Media einen positiven Return on Investment erzielen kann.

Die Befragung von Senior Executives wurde von der PulsePoint Group und der Economist Intelligence Unit durchgeführt. Sie kam zu dem Ergebnis, dass Unternehmen mit einer aktiven Social-Media-Präsenz einen vier Mal höheren ROI erzielen können als Firmen mit einem niedrigen oder gar nicht vorhandenen Social-Network-Engagement.

Darüber hinaus dürfte vor allem den Vertrieb der Unternehmen freuen, dass amerikanische Manager insbesondere die positiven Verkaufseffekte von Social Media hervorhoben. Demnach sagten 84 Prozent der Befragten, dass die Social-Media-Kampagnen die Effektivität ihrer Marketing- und Verkaufs-Bemühungen erhöht hätten. 81 Prozent gaben sogar an, dass sie mithilfe von Twitter, Facebook & Co. ihre Marktanteile hatten steigern können.

So lässt sich sagen, dass der Wert und der ROI von Social Media langsam entdeckt und ernst genommen wird. Leider beklagten aber einige der Befragten, dass es noch immer keine standardisierten Messmethoden für die unterschiedlichen Social-Media-Kennzahlen gibt. Das könnte der Grund für die im Monitor gefundenen Ergebnisse sein: 65,6 Prozent waren sich sicher, dass die Investitionen in die sozialen Medien nicht zu einer Steigerung des Umsatzes führen. Lediglich 14,1 Prozent bringen den Einsatz von Social Media und die Absatzsteigerung in Zusammenhang. Die übrigen 20,3 Prozent machten zu dieser Frage keine Angaben. Vielleicht gelingt es in den nächsten Jahren, geeignete und vertrauensvolle Messmethoden zu etablieren, um genauere Aussagen zu dieser Thematik treffen zu können. Zum aktuellen Stand lässt sich sagen, dass die Steigerung des Absatzes zwar weniger wichtig als andere Absichten von Social-Media-Maßnahmen, aber dennoch nicht zu vernachlässigen ist.

10,4 Prozent. Auch in Zukunft soll noch mehr Budget für Social Media Marketing bereitgestellt werden. Die Hälfte der Unternehmen, die ein klar definiertes Budget haben, plant dessen Erhöhung. Auch der BVDW erkennt die hohe Bedeutung des Themas Social Media in den steigenden Budgets wieder. Über drei Viertel (77,7 Prozent) der Unternehmen, die Social Media betreiben, geht davon aus, dass die Budgets für Social Media stark steigen werden.

Eine mäßige Steigerung des Budgets wird von mehr als 61,2 Prozent erwartet und 15,9 Prozent sind sich eines starken Anstiegs des Budgets bewusst. 19 Prozent rechnen mit gleichbleibenden Budgets, und lediglich 3,3 Prozent erwarten sinkende Budgets. Dies deutet darauf hin, dass sich die Social-Media-Aktivitäten verstärkt haben.[18]

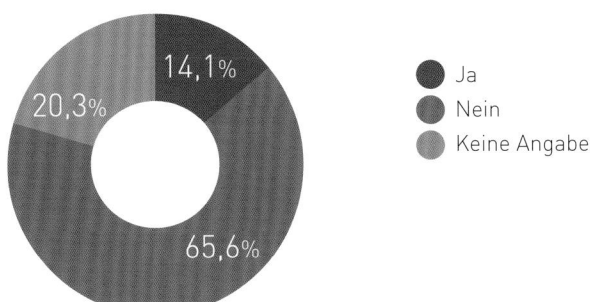

Abb. 25 Möglichkeit der Korrelation von Social Media Maßnahmen in Umsätze | n:64

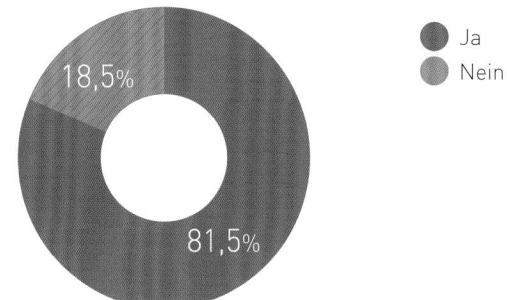

Abb. 26 Verstärkung der Social Media Maßnahmen im Jahr 2013 | n:65

Verstärkung der Social-Media-Aktivitäten

Die DIM-Studie von 2012 zeigt das Ausmaß des Social-Media-Marketing-Budgets.[17]
Die Möglichkeit, auf ein Social-Media-Marketing-Budget zurückzugreifen, haben lediglich 21,6 Prozent der befragten Unternehmen. Ca. 18,7 Prozent des gesamten Marketingbudgets sind 2012 durchschnittlich für Social Media Marketing angesetzt, 2011 waren es nur

Die BVDW-Studie ergab, dass die Social-Media-Nutzung in deutschen Unternehmen in den nächsten zwölf Monaten zunehmen wird. Immerhin 48,9 Prozent stimmten dieser Aussage zu. 36 Prozent stimmen eher zu, 7,5 Prozent sind sich unsicher, 5,4 Prozent stimmen eher nicht zu und gerade mal 2,2 Prozent der Befragten sind davon überzeugt, dass das Thema soziale Medien nicht wichtiger werden wird.[19] Außerdem ergab sich, dass 81,5 Prozent der Unternehmen ihre Maßnahmen im letzten Jahr verstärkt haben. Bei gerade mal 18,5 Prozent blieb der Einsatz gleich oder wurde sogar verringert.

Beeinflussung der eigenen Aktivitäten durch den Wettbewerbsdruck

Bei Facebook zum Beispiel kann ein einzelner Fan, vor allem bei Handelsmarken, durch das Klicken des „Gefällt mir"-Buttons oder das Kommentieren von Texten und Bildern einen großen Einfluss erzielen. Durch Fans hoffen die Unternehmen, mithilfe von Interaktion eine Kaufhandlung auszulösen oder die Reichweite zu erweitern, um somit in den sozialen Medien Erfolge herbeizuführen. Die Präsenz von Unternehmen im Social Web ist mittlerweile ein „Muss". Das bedeutet aber auch, dass für die Unternehmen der Druck steigt, dort präsent zu sein: Bei der Befragung für den Monitor Wirtschaftskommunikation 2013 gaben 81,5 Prozent der Unternehmen an, ihre Maßnahmen dahingehend verstärkt zu haben.

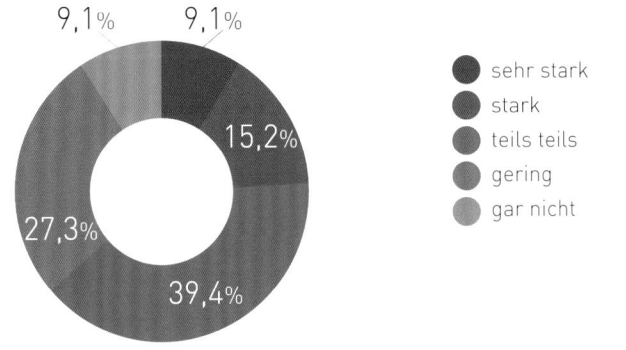

Abb. 27 Beeinflussung der Aktivitäten durch Wettbewerbsdruck | n:66

Eine weitere Frage war, wie stark der Wettbewerbsdruck die eigenen Social-Media-Aktivitäten beeinflusst. Hier gaben lediglich 27,3 Prozent an, dass sie der Konkurrenzdruck gering oder nur zum Teil (39,4 Prozent) beeinflusst. 9,1 Prozent scheinen sich sogar gar nicht an den Maßnahmen der Wettbewerber zu orientieren. Hingegen lassen sich 15,2 Prozent stark und 9,1 Prozent sehr stark beeinflussen, ein Ergebnis, dass durch den Konkurrenzdruck zukünftig sicher noch anwachsen wird.

Social Media Monitoring

Der anschließende Befragungsteil des Frageblocks Social Media widmet sich der näheren Betrachtung des Bereichs „Social Media Monitoring" und soll in diesem Zusammenhang gegenwärtige und mögliche zukünftige Anwendungstrends beleuchten.

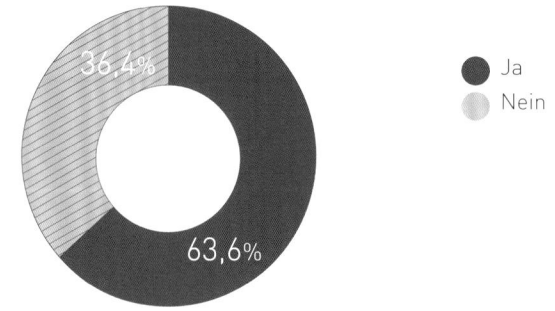

Abb. 28 Betreiben von Social Media Monitoring | n:66

Zu Beginn dieses Umfragenabschnittes sollten Informationen über die grundlegende Nutzung von Social Media Monitoring gewonnen werden. Daher wurden die Unternehmen befragt, inwiefern sie ihre Social-Media-Aktivitäten überhaupt kontrollieren und kritisch beurteilen, also

Social Media Monitoring in jeglicher Form zum Einsatz kommt. Das Ergebnis macht die weite Verbreitung deutlich: Nahezu zwei Drittel (63,6 Prozent) der 66 Befragten unterziehen ihre durchgeführten Social-Media-Maßnahmen einer kritischen Betrachtung.

Eine 2012 von Socialmedia-Recruiting.com erhobene Umfrage, die Einblicke in die Durchführung von Social Media Monitoring deutscher Firmen gibt, kam hingegen noch zu anderen Ergebnissen: Während gerade einmal 41 Prozent der 335 Befragten ein systematisches Social Media Monitoring implementiert hatten, verzichteten 42 Prozent auf die zielgerichtete Analyse und kritische Auseinandersetzung mit den durchgeführten Social-Media-Maßnahmen.[20]

Tendenziell ist also festzustellen, dass Social Media Monitoring immer häufiger in deutschen Firmen Anwendung findet. Im Vergleich der Jahre 2012 und 2013 wird dieser Umstand besonders deutlich, da die Angaben zur Nutzung von 41 Prozent auf 63,6 Prozent gestiegen sind. In Zusammenhang mit dieser Entwicklung ist es interessant, die Budgets der Initiatoren von Social-Media-Aktivitäten genauer zu betrachten. Laut einer Delphi-Studie (2012), die die Universität Leipzig in Zusammenarbeit mit der PR-Agentur Fink & Fuchs erstellte, gaben nur 30,4 Prozent der 332 Befragten an, dass für den Bereich Social Media Monitoring hohe Investitionen getätigt werden.[21] Vielmehr überwiegen hierbei die finanziellen Aufwände für die Sektionen Content-Erstellung, Konzepte und Strategien. Die Gegenüberstellung dieser beiden Untersuchungsergebnisse führt zu der Schlussfolgerung, dass Social Media Monitoring zwar in vielen Unternehmensstrukturen bereits verankert ist, aber noch keine hohe Bereitschaft zur finanziellen Unterstützung dieses Bereiches vorherrscht.

Kennzahlen des Social Media Monitoring

Neben der grundsätzlichen Frage nach der Nutzung von Social Media Monitoring ist es von besonderer Wichtigkeit, nachzuforschen, wie systematisch und professionell diese Vorgehensweise von den befragten Unternehmen und Agenturen implementiert wird. Doch wie wird der Erfolg der Maßnahmen im Social Web überhaupt gemessen? Und mit welchen Analysemethoden geschieht dies?

Kennzahlen sind in diesem Zusammenhang Größen, die das Monitoring von Social-Media-Aktivitäten effizient und transparent gestalten. Des Weiteren machen sie Vergleiche in detailliertem Ausmaß möglich. Nach der bereits erwähnten Delphi-Studie der Universität Leipzig nutzt gerade einmal jedes fünfte Unternehmen eine systematische Erfolgsmessung.[22] 82,9 Prozent der 42 befragten Unternehmen gaben an, dass die Anzahl der Fans, Follower und Likes als Kennzahl genutzt wird. Danach folgt die gemessene Tonalität der Social-Web-Präsenz und -Beiträge mit 51,3 Prozent sowie der „Net Promoter Score", der die Wahrscheinlichkeit einer Weiterempfehlung misst, mit 44,8 Prozent (siehe Abb. 29).

Eine im März 2012 erhobene Studie der Faktenkontor GmbH zur Nutzung von Social Media Monitoring kam zu einem ähnlichen Untersuchungsergebnis: Auch hier erfährt die Kennzahl „Anzahl der Fans, Follower und Likes" mit 58 Prozent der 624 Befragten die größte Nutzung. Außerdem schnitten die „Anzahl der Erwähnungen" (46 Prozent) sowie „Neue Kontakte/ Leads" (34 Prozent) erfolgreich als populäre Kennzahlen ab.[23] Die Tonalität, die noch 2012 mit 20 Prozent nur auf Platz 5 der erfolgreichsten Social-Media-Monitoring-Kennzahlen gelangte, hat sich inzwischen also auf den zweiten Platz vorgearbeitet. Hierbei liegt die Vermutung nahe, dass die Branche momentan mit einem tendenziellen Wandel vom ausschließlich quantitativen hin zum quantitativ-qualitativen Monitoring konfrontiert ist.

UNBEKANNT	KEINE NUTZUNG	NUTZUNG

UNBEKANNT

56,0%
Product Promoter Index

48,0%
Klout Score

48,0%
Recommendation Score

46,2%
Brand Promoter Index

45,8%
Brand Share

44,0%
CPT

41,4%
Net Promoter Score

40,8%
Share of Buzz

40,0%
Quality Perception Score

31,3%
Tonalität

8,6%
Anzahl der Fans, Likes, Follower

KEINE NUTZUNG

48,0%
Quality Perception Score

48,0%
CPT

37,5%
Brand Share

36,0%
Klout Score

32,0%
Product Promoter Index

25,9%
Share of Buzz

23,1%
Brand Promoter Index

16,0%
Recommendation Score

15,6%
Tonalität

13,8%
Net Promoter Score

8,6%
Anzahl der Fans, Likes, Follower

NUTZUNG

82,9%
Anzahl der Fans, Likes, Followers

53,1%
Tonalität

44,8%
Net Promoter Score

36,0%
Recommendation Score

33,3%
Share of Buzz

30,8%
Brand Promoter Index

16,7%
Brand Share

16,0%
Klout Score

12,0%
Quality Perception Score

12,0%
Product Promoter Index

8,0%
CPT

Abb. 29 Nutzung von Social Media Monitoring Kennzahlen | n:42

Von daher ist die Analyse der Fan-, Follower- und Likes-Anzahl eine unbefriedigende Kennzahl, weil sie nur die quantitative Seite des digitalen Auftritts betrachtet. Die Relevanz und Güte der Beiträge, Hilfestellungen und sonstigen Inhalte findet bei dieser Kennzahl keine Beachtung. Aufgrund dessen wäre es zusätzlich zur Verwendung dieser quantitativen Kennzahl wichtig, qualitative Untersuchungen, wie die Interaktivität zwischen Publisher und Rezipienten, sowie die Gegenüberstellung von Aktion und Reaktionen in Betracht zu ziehen. Auch die Reichweite der Internetpräsenz von Unternehmen und Organisationen kann einen wichtigen Bestandteil für die qualitative Untersuchung bilden. Beispielsweise kann es in Krisensituationen von enormer Bedeutung sein, über die Zielgruppe hinaus mit weiteren betroffenen Parteien zu kommunizieren, um den Multiplikatoreffekt bei negativen Berichterstattungen einzudämmen.

Ein weiterer Umstand, der auffällt, bezieht sich auf den aktuellen Wissensstand über Social-Media-Kennzahlen. Nahezu der Hälfte der befragten Unternehmen und Agenturen waren die im Fragebogen erwähnten Kennzahlen nicht bekannt. Insbesondere die Kennzahlen „Product Promoter Index" (58 Prozent), „Recommendation Score" und „Klout Score" (beide 48 Prozent) waren den Befragten nicht geläufig. Hier lässt sich vermuten, dass es sich für viele der Betroffenen als vorteilhaft erweisen würde, Informationen über die Möglichkeiten und Merkmale der unbekannten Social-Media-Kennzahlen einzuholen und im Anschluss daran abzuwägen, inwiefern deren Einbeziehung profitabel ist. Möglicherweise könnte die jeweilige Firma oder Agentur dadurch ihre Monitoring-Prozesse und -Strukturen noch effizienter gestalten.

Neben der Möglichkeit der unternehmensinternen Informationsbeschaffung über neuartige Kennzahlen und Kennzahlensysteme könnten viele der Unternehmen einen intensiveren Informationsaustausch mit den auf den Social-Media-Bereich spezialisierten Agenturen anstreben. Des Weiteren könnten auch Workshops und Weiterbildungen zu einer hochgradigen Verbesserung des Wissensstandes beitragen. Ein weiterer Grund für die geringe Kenntnis und Anwendung könnte in der eher geringen Ausprägung des Budgets für Social-Media-Aktivitäten liegen. Laut Befragungsergebnissen haben 40,5 Prozent der Unternehmen mit sinkenden Budgets für die Kommunikationsabteilung zu kämpfen. Im Gegensatz dazu ließ sich feststellen, dass im laufenden Geschäftsjahr fast bei der Hälfte (46,8 Prozent) aller befragten Unternehmen und Agenturen Budgeterhöhungen im Bereich Social Media durchgesetzt werden. Ob sich diese Veränderung jedoch auch auf den Bereich Social Media Monitoring und speziell auf die Nutzung von systematischen Kennzahlen auswirkt, ist ungewiss.

Die Gründe für die geringe Kenntnis über einige Kennzahlen können eventuell auch in der Zuständigkeit des Social-Media-Bereichs liegen. Während ein Großteil der Befragten angab, dass der/die Kommunikationsmanager/in (50,7 Prozent) oder die Marketingabteilung (44,8 Prozent) für die Konzeption und Durchführung von Social-Media-Aktivitäten zuständig ist, beauftragen nur 7,5 Prozent externe Dienstleister. Zusammenfassend ist festzustellen, dass ein hoher Traffic allein nicht zwangsläufig zu positiven Wahrnehmungen oder Reaktionen unter den Rezipienten führen muss. Vielmehr sollte im Zuge des Social Media Monitorings der Zusammenhang zwischen der Quantität – wie der Anzahl der Besucher und Beiträge – und den damit verbundenen qualitativen Faktoren – wie der Tonalität und den eingeleiteten Interaktionen – analysiert werden. Auf diesem Weg können eventuelle, bisherige Missstände ausgebessert und eine Optimierung der Social-Media-Aktivitäten vollzogen werden.

Tools für die Durchführung des Monitorings

Zu einem systematischen, professionellen und transparenten Social Media Monitoring trägt weiterhin der Einsatz von Monitoringtools bei. Die Goldbach Group veröffentlicht jedes Jahr den sogenannten „Social Media Monitoring Tool Report" und gibt damit einen Einblick in das aktuelle Geschehen des Tool-Markts. Nach dem diesjährigen Report verzeichnet dieser einen starken Zuwachs im Vergleich zum Vorjahr (+ 57 Prozent): Waren 2012 weltweit noch 205 Tools bekannt, besteht mittlerweile ein Repertoire von 327 verschiedenen Anwendungen im Bereich Social Media Monitoring Software. Allein in Deutschland kommen bislang 12 Prozent dieses Tool-Angebots zum Einsatz.[24]

Doch wie viele Unternehmen und Agenturen nutzen tatsächlich Tools? Und welche Monitoringsoftware ist auf dem Markt besonders beliebt? Diese Gesichtspunkte wurden im Monitor Wirtschaftskommunikation 2013 ebenfalls untersucht. Zwei Drittel (61,9 Prozent) der 42 Befragten bestätigen die Nutzung von Monitoringtools (siehe Abb. 30). Dieser Anteil fällt im Vergleich zu dem der Anwendung von Social-Media-Kennzahlen (siehe oben, ca. jeder Fünfte) höher aus und lässt vermuten, dass viele Unternehmen eine größere Effizienz beim Einsatz diverser Social-Media-Monitoringtools erwarten.

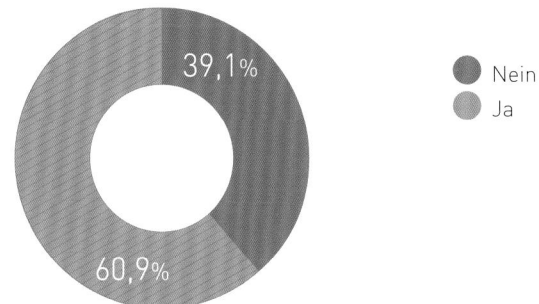

● Nein
● Ja

Abb. 30 Verwendung von Social Media Monitoring Tools | n:42

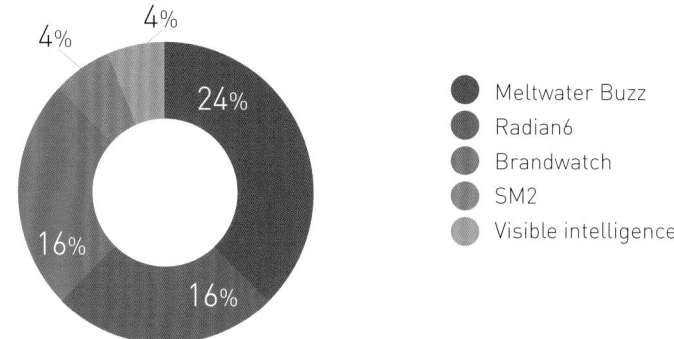

● Meltwater Buzz
● Radian6
● Brandwatch
● SM2
● Visible intelligence

Abb. 31 Arten von Social Media Monitoring Tools | n:26

Ein wichtiger Grund hierfür könnte in der Multifunktionalität zahlreicher Monitoringtools liegen. Viele dieser Programme stellen neben Analytik-, CRM- und Performance-Funktionen noch weitere hilfreiche Einsichten und Arbeitsmethoden bereit. Außerdem liegt ein großer Vorteil in der teilweise freien Verfügbarkeit und kostenlosen Bereitstellung einiger Monitoringtools.

Auf der von Goldbach Interactive ermittelten Liste der fünf besten Tools 2013 werden die ersten drei Plätze von dem Engagement- und CRM-Programm Engagor vor dem Analytiktool Sysomos Heartbeat und einer Newcomer-Software namens Radarly eingenommen.[25]

Nach den Ergebnissen des Monitors Wirtschaftskommunikation 2013 finden die eben genannten Tools bislang keine Beachtung bei den befragten Agenturen und Unternehmen. Stattdessen sind laut Monitor-Befragung Meltwater Buzz (24 Prozent), Radian 6 und Brandwatch (beide 16 Prozent) die beliebtesten Programme für das Social Media Monitoring (siehe Abb. 31). Goldbach Interactive listet diese Tools ebenfalls in der Top 15 auf und verweist auf deren individuelle Stärken. Es bleibt festzuhalten, dass es mittlerweile eine enorm große Auswahl an Social-Media-Monitoringtools gibt, die sich einer immer größeren

Beliebtheit unter den Unternehmen und Agenturen erfreuen. Welche Tools für das jeweilige Projekt geeignet sind, muss individuell auf die Ziele, Kundenbedürfnisse und das Quellmaterial der zu analysierenden Social-Media-Maßnahmen oder -Auftritte abgestimmt werden.

Fazit

Social Media hat mittlerweile einen unverzichtbaren Platz im Alltagsgeschäft vieler Unternehmen eingenommen und wird bereits von zwei Dritteln aller Befragten regelmäßig genutzt (siehe Abb. 7). Dieser Trend wird sowohl von den Ergebnissen des Monitors Wirtschaftskommunikation 2013 als auch von anderen Studien bestätigt.

Insbesondere die sozialen Netzwerke wie Facebook, Google+ und Co. bieten Unternehmen und Agenturen die nahezu perfekte Plattform für die Umsetzung ihrer kommunikativen Maßnahmen. Doch auch Microblogs und Business-Networks geraten für diesen Zweck immer häufiger in den Fokus von Unternehmen.

Obwohl es so scheint, dass den unternehmerischen Möglichkeiten im Social Web kaum Grenzen gesetzt seien, kam im Rahmen der vorliegenden Befragung heraus, dass sich ein Großteil der Befragten im Grunde genommen lediglich auf drei zentrale Ziele konzentriert: Kundenbindung, Multiplikatoreffekte und Informationsverbreitung (siehe Abb. 23). Mittlerweile gehört die Umsetzung von Social-Media-Aktivitäten für Unternehmen zwar schon fast zur Pflicht, trotzdem veranschaulicht dieses Ergebnis jedoch, dass Social-Media-Aktivitäten kein Allzweck-Hilfsmittel für die Erreichung aller unternehmerischen Ziele sein können. Vielmehr sollten sie begleitend und unterstützend zu den Kommunikationsmaßnahmen im Offlinebereich eingesetzt werden.

Die steigende Bedeutung von Social Media wird neben der hohen Verbreitung auch an steigenden Budgets sichtbar (Abb. 15). Dieser Umstand scheint auf den ersten Blick ein wenig kontrovers, wenn man bedenkt, dass den Umfrageergebnissen zufolge nur ca. ein Drittel eine Umsatzkorrelation durch Social-Media-Aktivitäten erwartet. Wozu dient dann die jeweilige Social-Media-Maßnahme?

Für die kritische Analyse der angestrebten eindeutigen Zielführung und Effektivität des eigenen Auftritts im Social Web nutzen immer mehr Unternehmen ein professionelles und detailliertes Social Media Monitoring. Viele Unternehmen entwickeln ein Bewusstsein dafür, dass die umgesetzten Maßnahmen nicht immer den gewünschten Erfolg bringen und setzen für eine systematische Optimierung verschiedene Monitoringtools ein.

Sowohl die Zunahme der Social-Media-Aktivitäten der Unternehmen insgesamt als auch die zunehmende Einbeziehung von Social Media Monitoring wird zukünftig einerseits zu einer Verschärfung des Wettbewerbsdrucks führen, aber andererseits auch enorme qualitative Fortschritte nach sich ziehen. Diese Veränderungen stellen, gerade in Verbund mit dem ohnehin hohen Wandlungspotenzial des Web 2.0, eine nicht zu unterschätzende Herausforderung für Unternehmen und Agenturen dar. Man kann gespannt sein, welche zukünftigen Veränderungen und Innovationen den Wandel des Social Web vorantreiben und mit welchen Mitteln und Konzepten es gelingen wird, sich an diesen anzupassen.

Fußnoten & Quellenverzeichnis

1 Vgl. BITKOM (2012): Social Media in deutschen Unternehmen. http://www.bitkom.org/files/documents/Social_Media_in_deutschen_Unternehmen.pdf, Stand: 10.07.13. S.6.

2 Vgl. ebd. S.4.

3 Vgl. BITKOM (2011): Soziale Netzwerke. http://www.bitkom.org/files/documents/SozialeNetzwerke.pdf, Stand: 10.0713. S.4.

4 Vgl. Schröder, Jens (2013): Top 20: Soziale Netzwerke in Deutschland. http://www.meedia.de/internet/die-top-20-der-sozialen-netzwerke-in-deutschland/2013/04/26.html, Stand: 14.07.13.

5 Vgl. Morschhäuser, Tanja (2013): Nutzung von Social Networks: Der Trend geht zu Twitter. www.socialmediastatistik.de/nutzung-von-social-networks-in-deutschland/, Stand: 20.07.13.

6 Vgl. TU Darmstadt (2013): Development of the Social Network Usage in Germany in 2012. http://www.emarkets.tu-darmstadt.de/fileadmin/user_upload/download/Development_of_the_Social_Network_Usage_in_Germany_in_2012-January2013.pdf, Stand: 15.07.13. S.6.

7 Vgl. BITKOM (2012): Social Media in deutschen Unternehmen. http://www.bitkom.org/files/documents/Social_Media_in_deutschen_Unternehmen.pdf, Stand: 10.07.13. S.16.

8 & 9 Vgl. ebd. S.15.

10 Vgl. ebd. S.16.

11 Vgl. BVDW (2011): Social Media in Unternehmen http://www.bvdw.org/presseserver/bvdw_social_media_studie/bvdw_social_media_in_unternehmen_executive_summary.pdf, Stand: 02.07.13. S.9 f.

12 Vgl. DIM (2012): Social Media Marketing in Unternehmen. http://www.marketinginstitut.biz/media/studie_dim_-_social_media_marketing_in_unternehmen_2012_121121.pdf, Stand: 10.07.13. S.10.

13 Vgl. BITKOM (2012): Social Media in deutschen Unternehmen. http://www.bitkom.org/files/documents/Social_Media_in_deutschen_Unternehmen.pdf, Stand: 10.07.13. S.13 f.

14 Vgl.:BVDW (2011): Social Media in Unternehmen http://www.bvdw.org/presseserver/bvdw_social_media_studie/bvdw_social_media_in_unternehmen_executive_summary.pdf, Stand: 02.07.13. S.6.

15 Vgl. BITKOM (2012): Social Media in deutschen Unternehmen. http://www.bitkom.org/files/documents/Social_Media_in_deutschen_Unternehmen.pdf, Stand: 10.07.13. S.19.

16 Vgl. http://www.ethority.de/weblog/2012/05/04/studie-roi-social-media-kampagnen/, Stand 10.07.13.

17 Vgl. DIM (2012): Social Media Marketing in Unternehmen. http://www.marketinginstitut.biz/media/studie_dim_-_social_media_marketing_in_unternehmen_2012_121121.pdf, Stand: 10.07.13. S.6.

18 & 19 Vgl. BVDW (2011): Social Media in Unternehmen http://www.bvdw.org/presseserver/bvdw_social_media_studie/bvdw_social_media_in_unternehmen_executive_summary.pdf, Stand: 02.07.13. S.5.

20 Vgl. Zils, Eva (2012): Social Media Recruiting Studie 2012.http://www.socialmedia-recruiting.com/Downloads/ SocialMediaRecruitingStudie_2012-DE- download.pdf, Stand: 20.07.13.

21 & 22 Vgl.:Fink, Stephan; Zerfaß, Ansgar; Linke, Anne/Fink & Fuchs Public Relations AG und Universität Leipzig (2012): Social Media Delphi Studie 2012.Ergebnisse der quantitativen Studie. http://www.ffpr.de/ newsroom/2012/08/10/studie-„social-media-delphi-2012/, Stand: 13.07.13.

23 Vgl. Petersen, Jens; Forthmann, Jörg/Faktenkontor GmbH, News Aktuell GmbH (2012):. Social Media Trendmonitor 2012. Angekommen in der Realität? Social Media in PR und Journalismus. http:// de.slideshare.net/newsaktuell/social-media-trendmonitor-2012, Stand: 12.07.13.

24 Vgl. Goldbach Interactive (Switzerland) AG (2013): Social Media Monitoring Tool Report 2013. http://www.goldbachinteractive.com/ aktuell/fachartikel/social-media-monitoring-tool-report-2013, Stand: 14.07.13.

25 Vgl. Goldbach Interactive (Switzerland) AG 2013. Weitere Funktionen sind laut Goldbach Interactive: Source-Coverage-, Costumer-Orientation-Funktion.

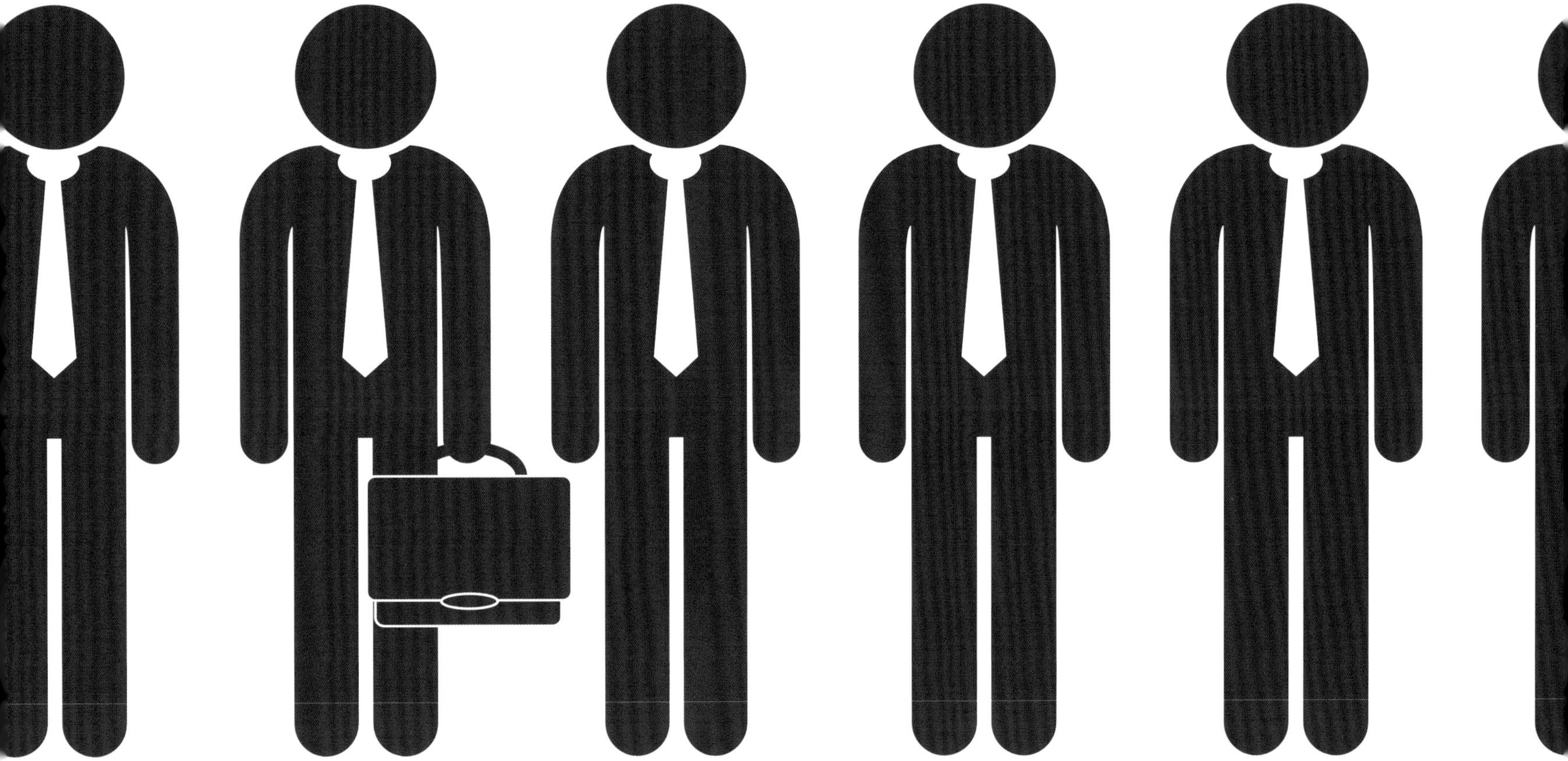

BESCHÄFTIGTE
KAPITEL V

von Lina Korb | Julian Rösner

„Irgendwas mit Medien" machen zu wollen, ist inzwischen zum Trendsatz für viele junge Menschen geworden, die ihre Zukunftspläne beschreiben. Nicht wenige von ihnen streben einen Beruf im Bereich der Wirtschaftskommunikation an. Der Werbesektor alleine bietet nach Zahlen des Zentralen Werberates (ZAW) fast einer Million Menschen einen Arbeitsplatz.[1]

Daher soll der Monitor Wirtschaftskommunikation 2013 für potenzielle und tatsächlich Beschäftigte in der Kommunikationsbranche einen Blick auf den aktuellen Stand bieten. Dazu untersuchte der Bereich „Beschäftigte", wie die Unternehmen und Agenturen freie Stellen besetzen, nach welchen Kriterien sie dies tun und wie sich der Personalbestand in den letzten Jahren verändert hat.

Wege der Stellenbesetzung

Um Informationen darüber zu bekommen, wie Beschäftigte gesucht und gefunden werden, wurde Experten und Entscheidungsträgern im deutschen Bereich der Wirtschaftskommunikation die Frage „Über welchen Weg besetzen Sie freie Stellen?" gestellt. Als Antwortmöglichkeiten wurden klassische Wege wie „Anzeigen in Fachzeitschriften", „Anzeigen in sonstigen Printmedien" und „Hochschulen" bereit gestellt. Daneben stand mit „Interne Ausschreibungen" und „Persönlicher Kontakt und Empfehlungen" der Weg über bereits bestehende Verbindungen zur Auswahl. Unter „Unternehmenseigene Website", „Jobbörsen im Internet" und „Social Media Plattformen" wurde Sonstiges abgefragt. So lassen sich Aussagen zur Verbreitung von Recruitingmaßnahmen treffen. Man muss allerdings beachten, dass bei dieser Fragestellung aus den Antworten nicht hervor geht, wie stark diese Maßnahmen genutzt werden.

Als besonders stark genutzt stellten sich die Wege über das Netz dar. Die unternehmenseigene Website ist für die befragten Experten mit 80

Prozent Zustimmung der meistbenutzte Weg, um neue Beschäftigte zu finden. Dies zeigt auch, dass Beschäftigte häufig aktiv auf Stellenangebote ganz gewisser Firmen eingehen und sich nicht nur auf Jobbörsen und Anzeigen verlassen. Zum gleichen Ergebnis kam auch der Monitor 2012, bei dem 82 Prozent die Website des Unternehmens als Recruitingmaßnahme angaben.

Dennoch werden die Jobbörsen im Internet immer noch ähnlich stark genutzt wie die eigene Website. 79 Prozent der Befragten gaben an, diese zu nutzen, was im Vergleich zum Vorjahr mit 80 Prozent keine große Veränderung erkennen lässt. Diese starke Nutzung des Webs zur Stellenbesetzung spiegelt sich auch bei den Social-Media-Plattformen wider. Zwar wählten diese Möglichkeit nur 49 Prozent als Antwort aus, aber im Vergleich zum Vorjahr lässt sich hier ein Trend erkennen: Damals hatten noch 10 Prozent weniger diesen Weg gewählt.

Diesen Trend zeigt auch die Studie „Recruiting Trends 2013" vom Centre of Human Resources Information Systems (CHRIS) der Universitäten Bamberg und Frankfurt am Main in Kooperation mit der Monster Worldwide Deutschland GmbH, bei der die 1.000 größten deutschen Unternehmen sowie jedes Jahr ausgewählte Branchen zu ihren Recruiting-Methoden befragt werden. Für diese Branchenanalyse wurden für die „Recruiting Trends 2013" die 300 größten Unternehmen der Branchen Automobile, Finanzdienstleistung und IT ausgewählt.

Zwar konnte hier eine Abschwächung gegenüber dem Vorjahr beim Einsatz von Stellenausschreibungen festgestellt werden. Dennoch bewertete die Hälfte der befragten Unternehmen Social Media im Recruiting als positiv. Der Einsatz bezieht sich hier aber größtenteils auf das sogenannte Employer Branding, das die Markenbildung als Arbeitgeber bezeichnet. Hierfür nutzen 20 Prozent der Befragten Facebook und 12,8 Prozent Xing.[2]

Da beim Monitor nicht hinterfragt wurde, wie die einzelnen Kanäle genutzt werden, ist es somit gut möglich, dass hier große Unterschiede zwischen den einzelnen Befragten bestehen. Dennoch zeigt sich, was den Einsatz angeht, dass die Branche der Wirtschaftskommunikation den großen Unternehmen bereits vorauseilt, die diese Möglichkeit bisher nur positiv betrachten.

Dass gerade auch ein bestehender Kontakt zu Unternehmen von großem Vorteil sein kann, um eine Arbeitsstelle zu finden, zeigt sich daran, dass „Persönlicher Kontakt und Empfehlungen" von 66 Prozent als Weg gewählt wird. Auch hier zeigt sich nur eine kleine Veränderung zu den Ergebnissen aus dem Vorjahr, bei dem sich 62 Prozent für die persönliche Empfehlung ausgesprochen hatten. Es lohnt sich auch, die Jobsuche auf das eigene Unternehmen auszuweiten. So gaben 65 Prozent an, Stellen über eine interne Ausschreibung zu besetzen. Auch daran zeigt sich, dass viele der Unternehmen nicht nur über externe Plattformen auf Beschäftigtensuche gehen müssen. Da diese Antwortmöglichkeit 2012 nicht gegeben war, gibt es hierzu keinen Vergleichswert, der herangezogen werden könnte.

Gerade für Studierende gibt es noch die Möglichkeit, am Studienplatz auf mögliche Arbeitgeber zu treffen. So antworteten 49 Prozent, dass sie auf Hochschulen zugehen, um dort zukünftige Beschäftigte zu finden. Hier gibt es im Vergleich zum Vorjahr einen leichten Rückgang, wo diese Möglichkeit noch 60 Prozent erreichte. Dies kann möglicherweise daran liegen, dass die relevante Zielgruppe inzwischen stärker über soziale Netzwerke erreicht werden kann.

Die klassische Anzeige zeigt einen starken Rückgang bei den Kommunikationsexperten. Zwar ist bei der Antwort „Anzeige in Fachzeitschriften" mit 41 Prozent der Befragten nur ein leichter Rückgang gegenüber den 47 Prozent des Vorjahres zu verzeichnen. Doch Anzeigen in sonstigen Printmedien schalten nur noch 27 Prozent der Experten.[3] Dies ist beinahe ein Rückgang um 50 Prozent, denn 2012 hatten noch 53 Prozent Anzeigen in Tageszeitungen genutzt. Dadurch wird deutlich, dass sich auch beim Recruiting der Markt vom Print ins Internet verschiebt.

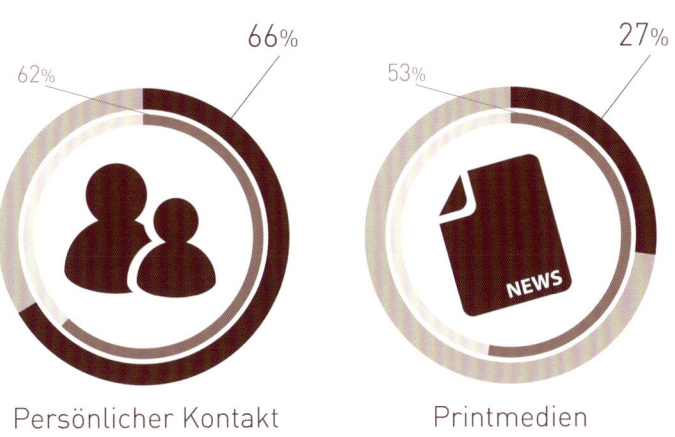 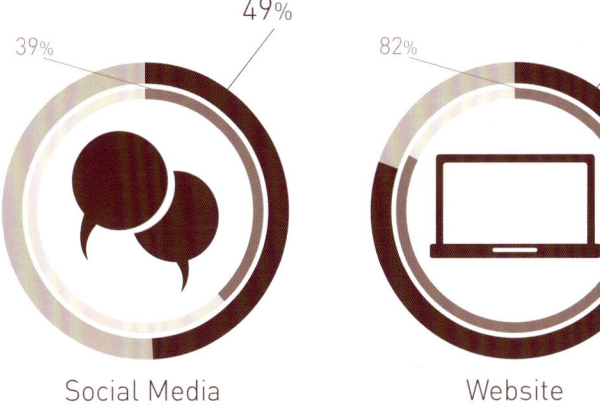

Persönlicher Kontakt   Printmedien   Social Media   Website

Abb. 32 Wege der Stellenbesetzung | n:79

2013
2012

Die stärkere Rolle von Fachzeitschriften im Privatbereich stellt aber auch einen Trend dar, sich in diesem Bereich stärker zu fokussieren, um Zielgruppen genauer anzusprechen. Da gerade Tageszeitungen vor allem regional gelesen werden, wie die aktuellen Zahlen der Arbeitsgemeinschaft Media-Analyse zeigen[4], sind diese für überregionale Unternehmen nicht besonders geeignet.

Ähnlich wie im vorherigen Monitor gaben 10 Prozent an, dass sie einen weiteren Weg nutzen, den sie auf der Liste nicht gefunden hatten, 2012 waren es 11 Prozent der Befragten gewesen. In diesem Jahr war einer der Wege, die nicht unter den Antwortmöglichkeiten auftauchten, die Stellenbesetzung über einen Headhunter.

Relevante Fähigkeiten für die Beschäftigtenauswahl

Damit neben der Auskunft über die Kanäle der Stellenausschreibungen auch etwas zu den Anforderungen der Unternehmen gesagt werden kann, wurde den Kommunikationsexperten die Frage gestellt, wie relevant sie gewisse Fähigkeiten bei der Auswahl ihrer Beschäftigten einschätzen. Die ausgewählten Fähigkeiten umfassten „soziale Kompetenz", die für Teamfähigkeit, Durchsetzungsfähigkeit und auch Motivationsfähigkeit steht, sowie „Kreativität", „Ausdrucksvermögen" und „Organisationsfähigkeit". Mit der Fähigkeit „Medienkompetenz" sollte sowohl ein Umgang mit Präsentationsmitteln und Computern wie auch der Umgang mit Medienpartnern abgedeckt werden. Außerdem stand noch „wirtschaftliches Handeln" zur Auswahl. Diese Fähigkeit sollte ein ökonomisches Denken beschreiben, bei dem ein guter Einsatz von Ressourcen zum Ziel führt. Die einzelnen Fähigkeiten konnten mit den drei Antwortdimensionen „sehr relevant", „teil teils" und „nicht relevant" bewertet werden.

Am wichtigsten schätzen die Experten die Organisationfähigkeit ein. 90 Prozent sehen diese Fähigkeit als „sehr relevant" an, 10 Prozent antworteten mit „teils teil". Im direkten Vergleich gegenüber 2012 sieht dies zunächst nach einer Veränderung aus, damals sahen nur 42 Prozent diese Fähigkeit als „sehr wichtig" an, 2 Prozent sogar als „nicht so wichtig". Allerdings ist zu bedenken, dass in jenem Jahr vier Antwortdimensionen vorgegeben waren und 56 Prozent damals mit „wichtig" antworteten. Nimmt man diese beiden also zusammen, dann schätzten damals sogar 98 Prozent die Organisationsfähigkeit als „wichtig" ein. Da der Monitor sich an die Abteilungsleitung oder Unternehmensführung wendet, wird klar, warum Organisationsfähigkeit so eine große Rolle spielt, denn diese Positionen befassen sich besonders stark mit der Organisation des Unternehmens.

Als besonders wichtig wird auch „soziale Kompetenz" eingeschätzt.[5] 88 Prozent sehen diese Fähigkeit als „sehr relevant" an, 12 Prozent noch als „teils teils". Gegenüber 2012 stellt dies eine leichte Steigerung dar. Hier hatten 60 Prozent soziale Kompetenz als „sehr wichtig" und 40 Prozent als „wichtig" eingeschätzt. Die Einschätzung der Befragten zeigt, dass in Unternehmen der Wirtschaftskommunikation gerade die Kompetenzen eine wichtige Rolle spielen, die nicht unbedingt in einer Ausbildung oder einem Studium direkt vermittelt werden. Dass diese Fähigkeiten in allen Branchen wichtig sind, zeigen die Ergebnisse des für die Wirtschaftswoche entwickelten Uni-Rankings. Dieses wurde von der Beratungsgesellschaft Universum Communications für das Fachblatt entwickelt. Hier wurden branchenübergreifend 500 Personaler aus kleinen und großen Unternehmen danach befragt, worauf sie bei einer Auswahl besonders achten. Dabei war der höchste Wert die Persönlichkeit, den knapp 92 Prozent der Befragten als besonderes Kriterium angaben. Doch auch bei den Soft Skills werden soziale Kompetenzen von den Personalern als wichtig eingeschätzt. So sprechen sich 33 Prozent für Teamfähigkeit, 31 Prozent für Konfliktfähigkeit, 30 Prozent für Einfühlungsvermögen und 27 Prozent für Kritikfähigkeit als wichtigen Soft Skill aus. Dies zeigt, dass soziale Kompetenzen in allen

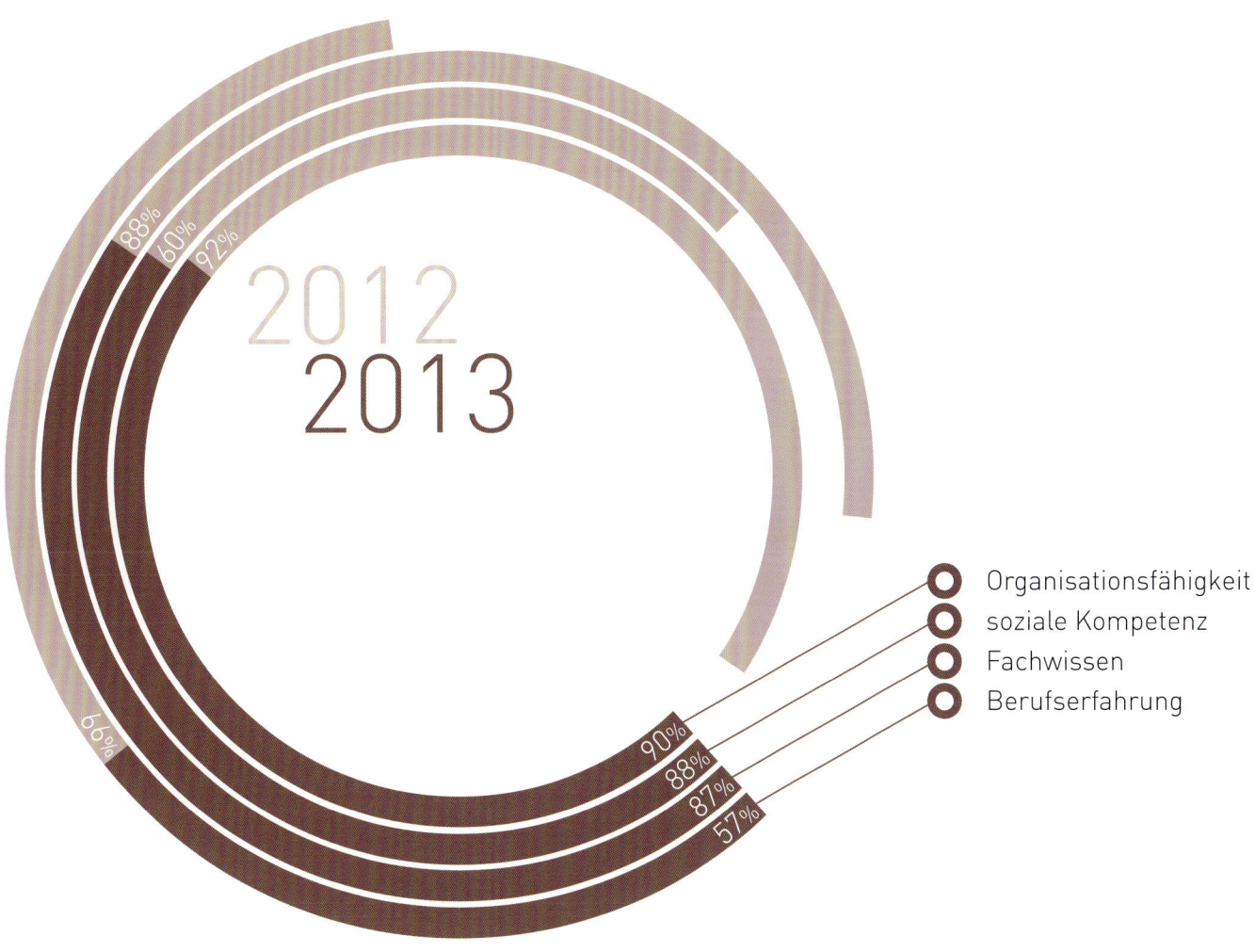

2012
2013

○ Organisationsfähigkeit
○ soziale Kompetenz
○ Fachwissen
○ Berufserfahrung

88% 60% 92%

66%

90%
88%
87%
57%

Abb. 33 Relevante Fähigkeiten für die Beschäftigtenauswahl | n:77

Branchen, aber eben auch im Bereich der Wirtschaftskommunikation, sehr stark gefragte Fähigkeiten sind.[6]

Mit etwas Abstand (78 Prozent) sehen die Abteilungsleiter Ausdrucksvermögen als „sehr relevant" an. 22 Prozent entschieden sich mit „teils teils" nicht eindeutig. Im Vorjahr war nur nach Präsentationsfähigkeit gefragt worden. Dies hatten insgesamt 90 Prozent als wichtig oder sehr wichtig eingeschätzt. Ausdrucksvermögen ist somit nach den beiden Fähigkeiten, die eher allgemeiner Natur sind und in vielen Berufen gefordert werden, die drittwichtigste Fähigkeit bei der Beurteilung von potenziellen Beschäftigten. Dies unterstreicht, dass Kommunikation für einen Beruf in der Kommunikationsbranche eine wichtige Rolle spielt. Diese Fähigkeit ist allerdings auch in anderen Branchen wichtig, so zeigen die Ergebnisse des Uni-Rankings, dass Kommunikationsfähigkeit mit 52,6 Prozent Zustimmung unter Personalern als wichtiger Soft Skill angesehen wird. Damit hat dieser die höchste Zustimmung unter den abgefragten Auswahlmöglichkeiten.[7] Dennoch ist die Zustimmung deutlich kleiner als bei den Kommunikationsfachleuten.

Doch nicht nur Kommunikation wird von den Experten gefordert, auch das Achten auf Ressourcen ist vielen wichtig. So erachten immerhin noch 69 Prozent wirtschaftliches Handeln als „sehr relevant". Die restlichen 31 Prozent sehen dies als „teils teils". Voriges Jahr wurde die Antwort ökonomisches Handeln nur von 36 Prozent als „sehr wichtig" eingestuft, wohingegen es aber 56 Prozent als „wichtig" einschätzten. Damals sahen aber 8 Prozent auch als „nicht wichtig" an. Dennoch sieht man insgesamt, dass ein guter Sinn für Wirtschaftlichkeit dazu beitragen kann, beruflich Fuß im Bereich der Wirtschaftskommunikation zu fassen. Eine Art des wirtschaftlichen Denkens, nämlich das lösungsorientierte Denken, betrachten auch 49 Prozent der Personaler des Uni-Rankings als wichtig.[8]

66 Prozent der Befragten achten bei Kandidaten auf deren Medienkompetenz. Dies zeigt, dass es noch eine starke Bindung zwischen der Kommunikations- und der Medienbranche gibt. Außerdem kann dies auch ein Ausdruck dafür sein, dass der Umgang mit Medien bei Präsentationen als sehr wichtig eingeschätzt wird. 33 Prozent sahen dies „teils teils" so, während 1 Prozent diese Kompetenz als „nicht relevant" betrachtet. Aus 2012 liegen hierzu keine Ergebnisse vor, da dieser Punkt damals nicht abgefragt wurde.

Obwohl vielen ein Beruf in der Werbung oder in der Kommunikation immer als ein Idealbild für Kreativität vorschwebt, sehen die Befragten diese Fähigkeit als am unwichtigsten an. Im Vergleich zu den anderen Fähigkeiten ist der Anteil von 58 Prozent Zustimmung für eine sehr relevante Fähigkeit sehr gering. 42 Prozent betrachten dies nur teils teils als relevant. Allerdings zeigt auch hier ein Blick in die Ergebnisse vom Vorjahr, dass dies an den Antwortmöglichkeiten liegen könnte. Damals sahen zwar nur 40 Prozent Kreativität als sehr wichtig an. 56 Prozent antworteten aber noch mit wichtig, während 8 diese als „nicht so wichtig" bewerteten. Ein Teil dieser Antworten könnte in dem „teils teils" stecken. Dass es dieses Jahr im Vergleich dazu dennoch nicht so relevant wirkt, kann auch daran liegen, dass der tatsächliche Anteil des Berufsalltags, in dem man schlussendlich kreativ sein kann, für die meisten Wirtschaftskommunikatoren schlussendlich eher gering ist. Dass Organisationsfähigkeit für besonders viele Experten sehr relevant ist, unterstreicht, dass der Kommunikationsberuf häufig mehr damit zu tun hat, etwas zu organisieren als kreative Ideen zu entwickeln.

Relevante Kriterien bei der Beschäftigtenauswahl

Mit dieser Frage der Studie von 2013 sollte herausgefunden werden, welche Kriterien für die Bewerber aus der Wirtschaftskommunikation aus Unternehmenssicht besonders wichtig sind. Hierbei wurden Kriterien und Leistungen betrachtet, die vom Bewerbenden selbst über die Jahre der Ausbildungszeit erbracht werden können. Dazu zählen Abschlussnoten, Fachwissen, Fremdsprachenkenntnisse, Auslandserfahrung, Praktika oder Volontariate sowie sonstige Berufserfahrung. Genau wie in der Frage zu den Fähigkeiten von Bewerbenden sollten diese Kriterien als wichtig bis unwichtig für die Auswahl der Beschäftigten eingestuft werden.

Die Ergebnisse aus dieser Fragestellung können Arbeitssuchenden eine neue Sichtweise auf ihre erbrachten Leistungen aufzeigen. Diese Einschätzung ist hilfreich, um die eigene Bewerbung nicht zu über-, aber auch nicht zu unterschätzen.

Besonders stark hebt sich bei den Antworten das Fachwissen von den anderen Kriterien ab. 87 Prozent der Befragten halten dies für wichtig.[9] 13 Prozent bewegen sich mit der Antwort „teils teils" noch in der Mitte. Dies stellt keine große Veränderung gegenüber 2012 dar. Damals sahen 88 Prozent Fachwissen als wichtiges oder sogar sehr wichtiges Kriterium an. Allerdings fanden 12 Prozent es auch nicht so wichtig. Dass das Fachwissen für viele Kommunikationsberufe wichtig ist, zeigen auch Ergebnisse vom ZAW. Laut diesen setzen über 70 Prozent der Agenturen in Deutschland einen Bachelor oder Master als Abschluss voraus.[10] Da ein Studium dazu dient, Fachwissen zu erwerben, zeigt sich daran, dass dies nicht nur bei den Befragten des Monitors Wirtschaftskommunikation ein wichtiges Kriterium ist.

Aber nicht nur reines Fachwissen ist für die Kommunikationsexperten ein entscheidendes Kriterium, auch Wissen, dass im Beruf erlangt wird, ist für 57 Prozent wichtig. 42 Prozent sehen Berufserfahrung „teils teils" als wichtig an, während dies 1 Prozent für unwichtig erachtet. Im Vergleich zum Vorjahr zeigt sich, dass dies auch damals als wichtig angesehen wurde: 2012 fanden 20 Prozent der Befragten Berufserfahrung „sehr wichtig", 56 Prozent fanden sie „wichtig" und 24 Prozent „nicht so wichtig". Dies zeigt, dass das Ansammeln von Wissen sowohl im Beruf als auch durch das Erlernen von Fachwissen entscheidend sein kann für den Erfolg. Zu einem ähnlichen Ergebnis kommt auch das Uni-Ranking von Universum Communications. Hier gaben knapp 89 Prozent der befragten Personaler an, dass sie besonders auf die Praxiserfahrung von Studenten achten würden. Diese Einschätzung bezieht sich zwar auf Personaler aus allen Branchen, zeigt aber, dass Berufs- und Praxiserfahrung ein sehr wichtiger Punkt für Bewerbende ist.[11]

Daher erstaunt es, dass Praktika und Volontariate nur von 36 Prozent als wichtig eingestuft werden, obwohl diese dazu dienen sollen, erste Erfahrungen im Berufsleben zu sammeln. Dass 51 Prozent der Befragten diesem Kriterium mit teils gemischten Gefühlen gegenüberstehen und 13 Prozent es für unwichtig erklären, kann mit dem Ruf von Praktika zusammenhängen. Dass Praktikanten nicht immer einen wirklichen Einblick ins Berufsleben erhalten oder nur kopieren und Kaffee kochen sollen, schwingt für viele bei dem Begriff wohl mit. 2012 hatten zwar nur 6 Prozent Praktika und Volontariate als sehr wichtig angesehen, aber 53 Prozent noch als wichtig. Dafür sprachen sich 41 Prozent mit den Antworten „nicht so wichtig" und „unwichtig" dagegen aus. Das Bild 2012 war also ein gemischtes. Daher kann es für angehende Wirtschaftskommunikatoren ratsam sein, dies im Hinterkopf zu behalten, falls man Angebote für eine Praktikantenstelle bekommt. So sollte man insbesondere darauf achten, welchen Wert diese für die eigene Weiterentwicklung hat.

Als etwas wichtiger als Praktika und Volontariate sehen die Befragten gute Fremdsprachenkenntnisse an. 39 Prozent antworteten hier mit „wichtig". Während die Hälfte der Befragten bei diesem Kriterium unentschlossen war, zeigten 11 Prozent klar, dass es für sie unwichtig ist. Im letzten Monitor bot sich ein ähnliches Bild. Damals sahen 31 Prozent Fremdsprachenkenntnisse als „sehr wichtig" an, 47 Prozent als „wichtig", während 18 Prozent diese als „nicht so wichtig" und 4 Prozent als „unwichtig" einstuften.

Obwohl den Experten die Fremdsprachenkenntnisse in beiden Jahren eher wichtig sind, ist es die eine Möglichkeit, sie zu erwerben, nicht so: Auslandserfahrung ist bei den Befragten nämlich das unwichtigste Kriterium für die Auswahl von Beschäftigten. Nur 11 Prozent sehen diese als „wichtig" an. Zwar sind 56 Prozent unentschlossen, doch mit 33 Prozent ist Auslandserfahrung das Kriterium, das die meisten der Befragten als „unwichtig" beurteilen. Der Grund dafür könnte darin liegen, dass die Erfahrungen aus einem Auslandsaufenthalt sich mit Ausnahme der verbesserten Sprachkenntnisse größtenteils nur indirekt als Charakterzüge auf die Befähigung des Beschäftigten auswirken. Es sei denn, das Unternehmen ist selbst in den Ländern tätig.

Beim Uni-Ranking liegen sowohl sehr gute Englischkenntnisse als auch die Auslandserfahrung weiter vorne beim Anteil der Befragten,

der diese als wichtig einstuft. Fast 66 Prozent der Personaler achten besonders auf ein sehr gutes Englisch. Wie bei den Ergebnissen des Monitors liegt die Auslandserfahrung mit knapp 57 Prozent hinter den Sprachkenntnissen.[12]

Anders als bei den Ergebnissen des Monitors werden aber Fremdsprachenkenntnisse und Auslandserfahrung bei den Ergebnissen in der Wirtschaftswoche von weniger Personalern als wichtig angesehen als der Faktor Examensnote. Ungefähr 64 Prozent legen auf dieses Kriterium Wert. Allerdings ist die Abiturnote mit ungefähr 29 Prozent das Kriterium, auf das die Personaler dafür am wenigsten achten.[13] Bei den Ergebnissen des Monitors 2013 sind jedoch nur 21 Prozent der Meinung, dass die Abschlussnote wichtig ist. 60 Prozent antworteten mit „teils teils", und 19 Prozent gaben an, die Abschlussnote als „unwichtig" anzusehen.

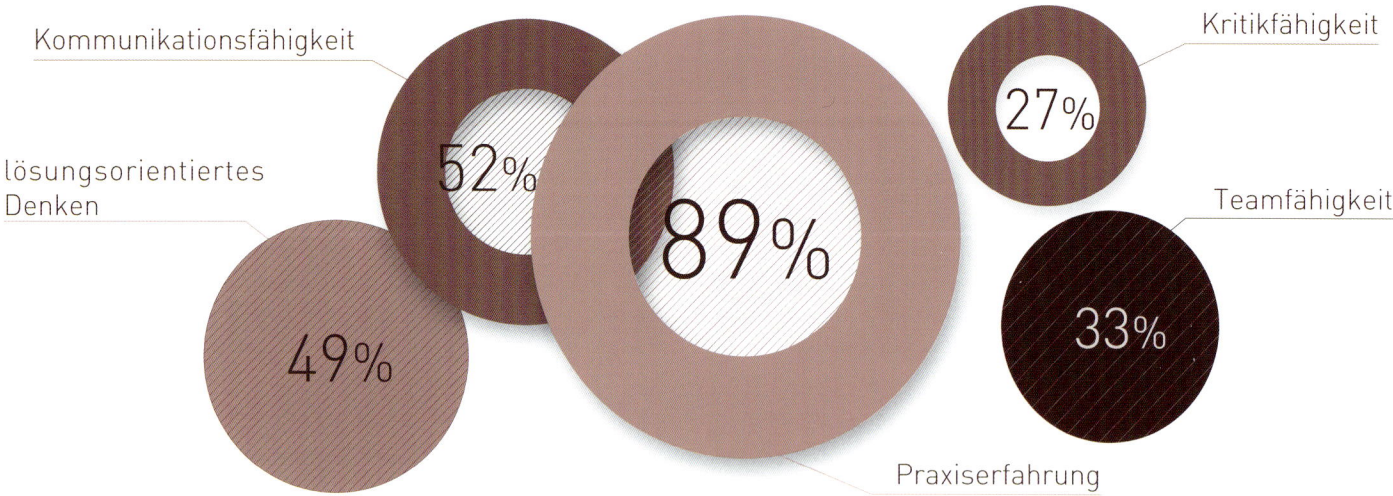

Abb. 34 Relevante Kriterien bei der Beschäftigtenauswahl | n:76

Im Vorjahr klassifizierten 47 Prozent eine Abschlussnote als ein sehr wichtiges oder wichtiges Kriterium, wohingegen 53 Prozent diese als „nicht so wichtig" oder „unwichtig" ansahen. Ein Großteil der Befragten tendierte bei den Antworten hingegen zur Mitte. So entschieden sich 93 Prozent der Befragten für die Antworten „wichtig" und „nicht so wichtig". Daher scheint die Abschlussnote in der Wirtschaftskommunikation eher ein im Vergleich eher nicht so wichtiges Kriterium zu sein, was durch die Ergebnisse des Uni-Rankings zur Abiturnote bestätigt wird.

Veränderung der Kommunikationsabteilungsgröße in den letzten zwei Jahren

Um aufzuzeigen, wie sich die Kommunikationsabteilungen personell entwickeln, wurden die Kommunikationsexperten zur Veränderung der Anzahl der Beschäftigten in den letzten zwei Jahren und zu für das nächste Jahr geplanten Einstellungen befragt.

In der Gesamtbetrachtung zeigt sich, dass der 2012 zu beobachtende Trend bestätigt wurde, die Anzahl der Beschäftigten immer stetiger wird und es meist nur positive Veränderungen gibt. So gaben in diesem Jahr 53 Prozent der Befragten an, dass die Personalzahlen seit 2011 unverändert geblieben seien. 2012 waren dies nur 41 Prozent gewesen, allerdings wurde hier nach einem Zeitraum von fünf Jahren gefragt.

Nur bei 15 Prozent der Unternehmen verringerten sich Personalzahlen. Dabei verließen allerdings mehr als 20 Prozent der Beschäftigten die Kommunikationsabteilung. 2012 war dies in den fünf Jahren davor nur bei 4 Prozent der befragten Unternehmen der Fall. Dafür gaben damals aber 17 Prozent an, zwischen 0 und 10 Prozent der Beschäftigten entlassen zu haben. Daher ist davon auszugehen, dass, falls es zu Entlassungen kommen muss, dies dann in einem größeren Stil geschieht.[14]

Für Beschäftigte zeigt sich in den Antworten der Kommunikationsexperten aber auch ein positiver Trend, so wurde bei 30 Prozent der Unternehmen die Kommunikationsabteilung in den letzten zwei Jahren vergrößert. 24 Prozent der Befragten gab eine Erhöhung der Anzahl von Beschäftigten in ihrer Abteilung unter 20 Prozent an. 10 weitere Prozent gaben sogar eine Erhöhung um über 20 Prozent an. Dieser Trend, der eher für Einstellungen und für ein Wachstum der Abteilungen spricht, war 2012 noch größer. Vermutlich liegt das aber auch daran, dass damals der abgefragte Zeitraum mit fünf Jahren deutlich größer war. So antworteten damals 32 Prozent auf die Frage, dass es ein Wachstum zwischen 0 und 20 Prozent gegeben habe. Nur 7 Prozent hingegen konnten ein größeres Wachstum als 20 Prozent bei sich verzeichnen. Wenn man diese Zahlen betrachtet, so zeigt sich, dass vermutlich einige der Unternehmen, die in den Jahren vor 2012 ihre Abteilungen noch vergrößert hatten, diese nun unverändert lassen. Im nächsten Jahr kann man dann auch im Vergleich zu 2012 noch genauere Schlüsse ziehen, da der damals abgefragte Zeitrahmen dann nicht mehr betrachtet wird.

Dass die Situation für den Wirtschaftszweig Werbung beständig bleibt, bestätigen auch die Ergebnisse des Zentralen Werberates (ZAW) im Buch „Werbung in Deutschland" 2013. Hier konnte festgestellt werden, dass 2012 Stellenangebote von Unternehmen, Agenturen und Werbung vertreibenden Medien um 11 Prozent zurückgingen. Und obwohl gleichzeitig die Arbeitslosenquote auf 5 Prozent anstieg, sei die Nachfrage nach Spezialisten immer noch sehr stark.[15]

Geplante Einstellungen für das kommende Jahr

Um nicht nur Aussagen über die vergangenen Entwicklungen treffen, sondern auch einen Blick in die Zukunft werfen zu können, wurde den Kommunikationsexperten die Frage nach geplanten Neueinstellungen im laufenden Geschäftsjahr gestellt.

Hier zeigt sich, dass sich der oben festgestellte Trend fortsetzt. So planen 62 Prozent der befragten Unternehmen keine Einstellungen für ihre Kommunikationsabteilung. Unklar ist bei diesen Unternehmen natürlich, ob sie stattdessen Personal entlassen werden. Die Aussagen zu den Plänen für Neueinstellungen ähneln denen vor einem Jahr. Die damals Befragten gaben zu 67 Prozent an, dass keine neuen Stellen in der Kommunikationsabteilung geschaffen werden sollen. Dafür sprachen sich 29 Prozent für Einstellungen von fünf oder weniger Personen aus, während jeweils 2 Prozent sechs bis zehn Personen oder mehr als zehn Personen einzustellen planten. In diesem Jahr gaben 34 Prozent der befragten Kommunikationsexperten an, dass sie zwischen einer und fünf Neueinstellungen für das Geschäftsjahr 2013 geplant hätten. Mehr als ein Drittel der befragten Kommunikationsabteilungen stellt

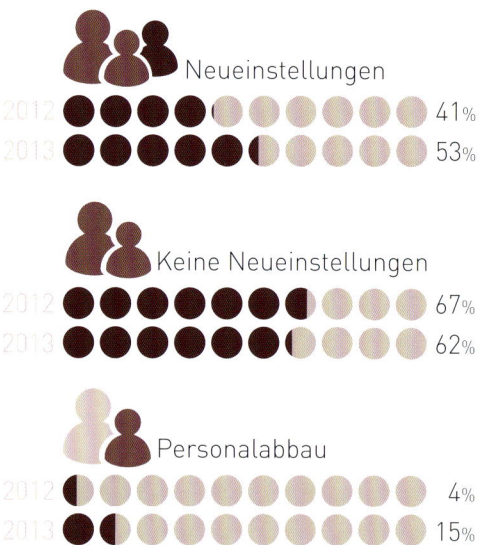

Abb. 35 Geplante Einstellungen für das kommende Geschäftsjahr | n:79

somit neue Leute ein und wächst, dies ist eine positive Rückmeldung an diejenigen, die Arbeit in dieser Branche suchen.

Fazit

Zusammenfassend zeigt sich, dass der Monitor Wirtschaftskommunikation 2013 im Bereich der Beschäftigten auf viele Entwicklungen und Aussagen hinweist, die für Beschäftigte und Arbeitssuchende von Bedeutung sein können: Die Stellenvergabe verlagert sich zunehmend ins Internet. Wie die Ergebnisse der Befragungen zeigen, liegt der Trend hier im Bereich von Social Media, der für viele Experten wichtig ist, wie auch andere Untersuchungen belegen. Doch auch persönliche Beziehungen sind immer noch ein wichtiger Weg für viele Unternehmen, um neue Beschäftigte zu finden.

Bei der Auswahl von Bewerbenden spielen vor allem eine gute Fähigkeit zur Organisation und soziale Kompetenzen eine große Rolle. Gerade letztere sind heute in vielen Branchen gefordert. Daneben sehen die Kommunikationsexperten erworbenes Wissen als wichtig an. So scheinen sowohl Fachwissen, Berufserfahrung wie auch Kenntnisse in Fremdsprachen stark gefordert zu werden. Interessanterweise waren Praktika und Abschlussnoten dafür nicht besonders gefragt.

Dass allerdings neue Beschäftigte eingestellt werden, ist bei vielen nicht geplant. Wie in den letzten zwei Jahren werden die Personalzahlen unverändert bleiben. Ein Drittel hingegen wird wohl weiter einstellen. Hier zeigt sich auch eine leichte Verbesserung gegenüber den Aussagen aus der letztjährigen Befragung.

Trotzdem zeigen die Ergebnisse der Fragen zu Beschäftigten in der Wirtschaftskommunikation keine großen Veränderungen gegenüber dem Vorjahr, können aber gerade für jemanden, der „was mit Medien" machen will, Auskunft über die Situation der Branche bieten: Es wird bei einem Teil der Unternehmen nach neuen Leuten gesucht, aber man muss einiges an Fähigkeiten mitbringen.

Fußnoten & Quellenverzeichnis

1 ZAW (Hrsg.) (2013): Werbung in Deutschland 2013, Berlin bei edition zaw. S.96.

2 Vgl. Weitzel, Prof. Dr. Tim; Eckhardt, Dr. Andreas; Laumer, Dr. Sven; von Stetten, Alexander; Maier, Christian und Guhl, Elke (2013): Recruiting Trends 2013, Bamberg bei Otto-Friedrich Universität Bamberg, Goethe-Universität Frankfurt am Main und Centre of Human Resources Informations Systems, Monster Worldwide Deutschland GmbH. http://www.uni-bamberg.de/isdl/leistungen/transfer/e-recruiting/recruiting-trends/recruiting-trends-2013/,
Stand: 29.07.2013.

3 Vgl. Abb. 32.

4 agma Presseinfo (2013): Zeitungen haben täglich mehr als 45 Millionen Leser, Frankfurt. http://www.agma-mmc.de/fileadmin/user_upload/Pressemitteilungen/2013/PM_ma_2013_Tageszeitungen.pdf, Stand: 29.07.2013. S.1.

5 Vgl. Abb. 33.

6, 7 & 8 Vgl. Wirtschaftswoche (2013): Primus aus der Provinz, in: Wirtschaftswoche Nr. 15 vom 08.04.2013, Düsseldorf: Verlagsgruppe Handelsblatt GmbH.

9 Vgl. Abb. 33.

10 ZAW (Hrsg.) (2013): Werbung in Deutschland 2013, Berlin bei edition zaw. S.99.

11, 12 & 13 Vgl. Wirtschaftswoche (2013): Primus aus der Provinz, in: Wirtschaftswoche Nr. 15 vom 08.04.2013, Düsseldorf: Verlagsgruppe Handelsblatt GmbH.

14 Vgl. Abb. 35.

15 ZAW (Hrsg.) (2013): Werbung in Deutschland 2013, Berlin bei edition zaw. S.96.

PROJEKTLEITUNG
Kay Neumann

Carolin Bähr

Antonia Bartning

Marie Bischoff

Lina Korb

Manuel Libudzewski

Kristian Reinke

Barbara Schulz

Nico Siewert

Philipp Steger

DAS TEAM

Manuela Brückner

Annika Luisa Dahne

Victoria Emelyanoval

Charis Ritter

Julian Rösner

Hendrikje Rother

Christina Stegmann

Vivien Wellenthiel

Lena Wenk

Impressum

Herausgeber
Verein zur Förderung der Wirtschaftskommunikation e.V.

Satz & Reinzeichung
Susanne Rump

Grafik
Susanne Rump

Teamfotos
Antonia Bartning

Endlektorat
Carola Köhler M.A. | Freie Lektorin
Wissenschaft | Politik | Kunst
Prinzenallee 58e
13359 Berlin
Tel.: (030) 48490419

Druck
Hauptstadtader®-Agentur
für kreative Druckdienstleistungen Paul
Kündiger & Gregor Lösch GbR
Käthe-Niederkirchner-Str. 39
10407 Berlin
Tel.: (030) 856149150
Fax.: (030) 8561491520
www.hauptstadtader.de
www.DeineStadtKlebt.de

Auflage
200

Copyright
Nomos Verlagsgesellschaft | Baden-Baden
Verein zur Förderung der Wirtschaftskommunikation e.V.

Alle Rechte vorbehalten.

Kontakt
Verein zur Förderung der Wirtschaftskommunikation e.V.
c/o HTW Berlin
Gebäude C
Wilhelminenhofstraße 75a
12459 Berlin
Tel.: (030) 50192419
Fax.: (030) 50192272
Mail: info@wk-verein.de
www.wk-verein.de

Nomos Verlagsgesellschaft
mbH & Co. KG
Waldseestraße 3-5
76530 Baden-Baden
Tel.: (07221) 21040
Fax.: (07221) 210427
Mail: nomos@nomos.de

ISBN
978-3-8487-1073-7